JN103395

4週間でマスター

2級 電気工事施工管理

第一次・第二次検定

若月 輝彦 編著

弘文社

まえがき

この本は，電気工事施工管理技術検定２級の試験に合格するために編集された本です。

本試験は建設業法の試験制度改正によって，令和３年度より従来の学科試験，実地試験から第一次検定，第二次検定へと再編されました。

受検の区別は「第一次検定・第二次検定同日受検」のほかに「第一次検定のみ受検」「第二次検定のみ受検」の３種があります。

第一次検定は，満17歳以上実務経験なしで受検でき，合格者には生涯有効な資格として**「２級電気工事施工管理技士補」**の称号が与えられます。その後一定の実務経験を経て**第二次検定**を受検し，合格すれば**「２級電気工事施工管理技士」**となります。このように段階を踏んでいくことで，より多くの方に資格取得の機会が増えたといえるでしょう。

またこの第二次検定合格者は，その後の１級に必要な実務経験を経ることなく，すぐに**１級電気工事施工管理**の**第一次検定**まで受検することができます（合格すれば**「１級電気工事施工管理技士補」**となり，**監理技術者補佐**としての役割を担えるようになります）。

本試験の出題範囲は電気工学に始まって，機械設備，土木，建築及びこれらに関連する法規と多岐にわたって出題され，受検者に多大な負担を強います。また，施工管理のテーマとなる工程管理や安全管理などの問題は必須問題となっており確実な理解が求められます。そこで本書では，過去に出題された試験問題を体系づけて整理し，実務的な要素が強いもの，飛び抜けてレベルが高いもの及び関連性のないものなどは，受検者の労力を考えて省いてあります。

２級の合格基準は，第一次検定，第二次検定とも60％以上の得点となっています。また第一次検定・第二次検定同日受検の場合，第一次検定の得点が合格基準に届いていなかった場合，第二次検定の採点自体が行われません。

まずは第一次検定で最低60％の正解を得ることが必要です。本書ではこの60％を確実に取れるよう問題を選択し，必要のないものは省いてあります。また第二次検定に関しては，最近の傾向に従ったものを中心に掲載しています。

本書を使用して最小の時間で合格に到達されますよう期待しています。

若月輝彦

目　次

第３章　関連分野

第４章　施工管理法

第５章　法規

第2編　第二次検定編

第1章　施工経験記述

第2章　施工管理法

第3章　電気工事に関する用語

第4章　法規

受検ガイド

1. 受検資格

(1) 第一次検定；試験実施年度中に満 17 歳以上となる者が実務経験を積む前に受検することができます。第一次検定合格者は生涯有効な資格となり，国家資格として「2 級電気工事施工管理技士補」を称することができます。

(2) 第二次検定；所定の二次検定の受検資格（実務経験）を満たしている第一次検定合格者又は一次・二次検定同時受検者，もしくは一次検定免除資格所有者が受検できます。第二次検定合格者は国家資格として「2 級電気工事施工管理技士（2 級の施工管理技士は，一般建設業の許可要件の一つである営業所に配置する専任の技術者及び建設工事の現場に配置する主任技術者となることが認められています）」を称することができます。

(3) 第二次検定の受検資格の概要

最終学歴または保有資格	実務経験年数	
	指定学科	指定学科以外
・大学 ・専門学校の高度専門士	卒業後 1 年以上	卒業後 1 年 6 月以上
・短期大学 ・5 年制高等専門学校 ・専門学校の専門士	卒業後 2 年以上	卒業後 3 年以上
・高等学校 ・専門学校の専門課程	卒業後 3 年以上	卒業後 4 年 6 ケ月以上
・その他（最終学歴問わず）	8 年以上	
・第一種，第二種又は第三種電気主任技術者の免状の交付を受けた者	1 年以上	
・第二種電気工事士の免状の交付を受けた者	1 年以上	
・第一種電気工事士の免状の交付を受けた者	実務経験年数は問いません	

＊令和 6 年度の試験より受検資格の内容が変更されます。「一般財団法人　建設業振興基金　試験研修本部」ホームページにて最新の情報を確認して下さい。

(4) 実務経験の内容

・受検資格を満たす実務経験は，「電気工事」に限られます。

・電気工事施工管理に関する実務経験として認められる工事例

(a) 発電設備工事・変電設備工事・送配電線工事(電力会社関係の電気工事)

(b)　照明設備工事（屋外照明，道路照明などの電気工事）
(c)　信号設備工事（交通信号，交通情報・制御・表示装置などの電気工事）
(d)　電車線工事（鉄道関係の電気工事）
(e)　ネオン装置工事
(f)　構内電気設備工事（建物，工場，トンネル，ダムなどにおける電気工事）
＊受検資格を満たすための最終学歴，実務経験年数の考え方は，「一般財団法人　建設業振興基金　試験研修本部」のホームページにて確認して下さい。

2. 受検手数料

⑴　一次検定；6600 円　　⑵　二次検定；6600 円
⑶　一次・二次同時検定；13200 円

3. 申込方法

⑴　学校申込
学校で管理責任者等を設置している場合は管理責任者が受検申請書類をまとめて提出先に送付します。
⑵　個人申込
受検申請者個人が手続きを行います。
⑶　申込手段
書面申込とインターネット申込がありますが，インターネット申し込みは再受検者（一次・二次同時受検，二次のみ受検）が申し込めます。
⑷　申込期間
・一次のみ検定（前期）（書面申込）；１月下旬～２月の初旬頃
・一次のみ検定（後期）（書面申込）；７月初旬～７月の中旬頃
・一次・二次検定及び二次検定（書面及びインターネット申込）
；６月下旬～７月の中旬頃
＊インターネット申込は，再受検者（「一次・二次，二次のみ」試験申込者に限る）が申込みできます。
＊年によって変動がありますので，詳しい**申込期間**は「一般財団法人　建設業振興基金　試験研修本部」のホームページにて**必ず事前に確認**して下さい。

4. 試験地

試験地は各検定において異なるので，「一般財団法人　建設業振興基金　試験研修本部」のホームページにて確認して下さい。

5. 試験日

・一次のみ検定（前期）；６月中旬頃

・一次のみ検定（後期）；11 月の中旬頃

・一次・二次検定及び二次検定；11 月の中旬頃

＊詳しい試験日は「一般財団法人　建設業振興基金　試験研修本部」のホームページにて確認して下さい。

一般財団法人　建設業振興基金　試験研修本部
（https://www.fcip-shiken.jp）

〒105-0001　東京都港区虎ノ門４丁目２番12号　虎ノ門４丁目MTビル２号館
電話 03-5473-1581（代表）

6. 第一次検定の内容

・解答はマークシート方式です。

検定科目	検定基準	知識・能力の別	解答形式
電気工学等	1　電気工事の施工の管理を適確に行うために必要な電気工学，電気通信工学，土木工学，機械工学及び建築学に関する概略の知識を有すること。 2　電気工事の施工の管理を適確に行うために必要な発電設備，変電設備，送配電設備，構内電気設備等に関する概略の知識を有すること。 3　電気工事の施工の管理を適確に行うために必要な設計図書を正確に読み取るための知識を有すること。	知識	四肢択一
施工管理法	1　電気工事の施工の管理を適確に行うために必要な施工計画の作成方法及び工程管理，品質管理，安全管理等工事の施工の管理方法に関する基礎的な知識を有すること。	知識	四肢択一
	2　電気工事の施工の管理を適確に行うために必要な基礎的な能力を有すること。	能力	五肢択一
法規	建設工事の施工の管理を適確に行うために必要な法令に関する概略の知識を有すること。	知識	四肢択一

7. 第二次検定の内容

・解答は記述及びマークシート方式です。

検定科目	検定基準	知識・能力の別	解答形式
施工管理法	1　主任技術者として，電気工事の施工の管理を適確に行うために必要な知識を有すること。	知識	四肢択一
	2　主任技術者として，設計図書で要求される電気設備の性能を確保するために設計図書を正確に理解し，電気設備の施工図を適正に作成し，及び必要な機材の選定，配置等を適切に行うことができる応用能力を有すること。	能力	記述

本書の特徴と活用の仕方

本書は過去に出題された試験問題から重要なもの，また繰り返し出題されているものを中心に選んで，項目ごとに分類してまとめ上げています。

電気工事施工管理の第一次検定では，各分野ごとに区分されて出題されており，「設計・契約関係」の1問と，新検定制度から入った「施工管理法の応用能力問題」の4問は必ず答えなければならない必須問題ですが，これら以外の問題は各分野ごとに選択して解答できるようになっています。

このため，すべての分野の問題を完全に理解しなくとも第一次検定に合格することは可能です。そのためには，得意な分野の問題は確実に解答できるようにしておくことが重要となります。

電気工事施工管理の試験の合格の目安は60%以上の正答率です。このことから余裕を見て70%以上の正解を本書により達成すれば合格は難しいことではないでしょう。

とにかく本番の試験ではあせらずに問題をよく見て確実に解答できる問題を，すばやく選択するというのも合格するためのテクニックとして必要です。

電気工事施工管理の第一次検定の問題形式は一部5択を除き4択問題となっています。ほとんどの問題が，「誤っているもの」を選びなさいという設定になっていますが，そうでない場合もありますのでよく問題を読んであせって間違った選択肢を選ばないようにするのも重要です。

本書はスペースの関係で基本的に「誤っているもの」に関して解説してあります。そこで，「誤っているもの」の設問を「正しいもの」に変えて，設問に示されている問題のテーマを完成させてそれを十分に理解するようにしてください。そうすれば，問題集が充実したテキストに早替わりします。このようにして，問題を有効に活用してください。

解答はよく知る簡単な選択肢のほうにあることが多くその解答も繰り返し出題されています。難しい問題に捕らわれているとかえって誤ってしまうことにもなりかねないので，落ち着いて問題をよく読む習慣をつけましょう。

第二次検定は一部の4択問題を除いてほぼ記述式です。普段コンピュータで文章を書いていると長文を書くのが苦手になってしまいます。そこで第二次検定の学習では必ず解答を手で書く習慣をつけましょう。その方が確実に知識が自分のものとなるでしょう。

受検区分別の学習方法について

第一次検定・第二次検定　同時受検　本書の全てを学習してください。

第一次検定のみ受検

本書の第1編に加えて第2編の第2章　ネットワーク工程表その1・その2（P 242～P 245）**を学習に加えてください。ネットワーク工程についての問題（所要工期等）が第一次検定に移行しています。**

このネットワーク工程も含めた電気工事の施工の管理を適確に行うために必要な能力問題は**必須問題**で，一次検定の中では唯一4肢ではなく，**5肢択一のマークシート方式**です。

それぞれ該当する項目に，**応用能力問題としての出題例**として掲載していますので参考にしてください。

事前の予習を行っておけば十分対応できます。

第二次検定のみ受検

本書の第2編に加えて，第1編の第1章　電気工学・第2章　電気設備の中の電気計算に関する問題**を追加学習してください。計算問題が2問，第二次検定で4肢択一のマークシート方式で出題されています。**

第二次検定としての出題例として表示（P 18，P 64 参照）。

施工管理法の知識問題の一部が第二次検定に移行されたため，この電気の計算問題と法規の問題が，記述式ではなく，**4肢択一のマークシート方式**での出題となっています。

法規については**4肢択一式の出題形式**に変更していますので，予想問題として活用してください。

計算問題を忘れず復習しておけば，十分対応できるでしょう。

第1編 第一次検定編

第1章 電気工学

1. 電気理論その1
2. 電気理論その2
3. 電気理論その3
4. 電気計測
5. 電気機械その1
6. 電気機械その2
7. 電気機械その3
8. 電力系統
9. 電力応用その1
10. 電力応用その2
11. 電力応用その3

学習のポイント

電気工学は，電気理論，電気機器，電力系統及び電気応用から出題されます。計算問題の得意な受検者は電気理論で得点を稼ぐのが効果的です。（参考過去問：12問出題，うち8問選択・解答）

またこの計算問題は，第二次検定でも必須問題として出題されます。第二次検定対策用としても，十分に学習してください。

1．電気理論その1

（解答はP. 16）

《学習内容》

強磁性体，電荷と電流の関係，点電荷に働く力，フレミングの左手の法則について学びます。

【重要問題1】（強磁性体）

強磁性体に該当する物質として，適当なものはどれか。

1. ニッケル
2. アルミニウム
3. 銀
4. 銅

強磁性体は，鉄，ニッケル，コバルトなどが該当する。アルミニウムは常磁性体であり，磁化力と逆になるものを反磁性体といい，銀，銅などがある。

【重要問題2】（電荷と電流の関係）

電線の断面を2秒間に40〔C（クーロン）〕の電荷が一定の割合で通過したときの電流の値〔A〕として，正しいものはどれか。

1. 10〔A〕
2. 20〔A〕
3. 40〔A〕
4. 80〔A〕

電線の断面をt秒間に電流I〔A〕が流れた時，通過する電荷Q〔C〕の値は，

$$Q=It \text{〔C〕}$$

で与えられる。これより電流I〔A〕は，

$$I=\frac{Q}{t}=\frac{40}{2}=20 \text{〔A〕}$$

となる。

【重要問題３】（点電荷に働く力）

図に示す二つの点電荷$+Q_1$〔C〕，$-Q_2$〔C〕間に働く静電力F〔N〕の大きさを表す式として，正しいものはどれか。ただし，電荷間の距離はr〔m〕，電荷のおかれた空間の誘電率はε〔F/m〕とする。

1. $F=\frac{1}{4\pi\varepsilon}\times\frac{Q_1Q_2}{r^2}$
2. $F=\frac{1}{4\pi\varepsilon}\times\frac{Q_1Q_2}{r}$
3. $F=4\pi\varepsilon\times\frac{Q_1Q_2}{r^2}$
4. $F=4\pi\varepsilon\times\frac{Q_1Q_2}{r}$

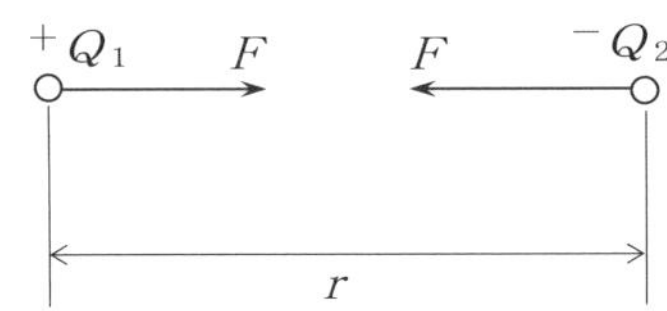

解説

クーロンの法則より，

$$F=\frac{1}{4\pi\varepsilon}\times\frac{Q_1Q_2}{r^2}\ 〔N〕$$

のようになる。電荷の符号が同符号の場合には反発力，異符号の場合には吸引力となる。公式として覚えよう。

【重要問題４】（フレミングの左手の法則１）

図のように磁極間に置いた導体に電流を流したとき，導体に働く力の方向として，正しいものはどれか。ただし，電流は紙面の裏から表へ向かう方向に流れるものとする。

1. a
2. b
3. c
4. d

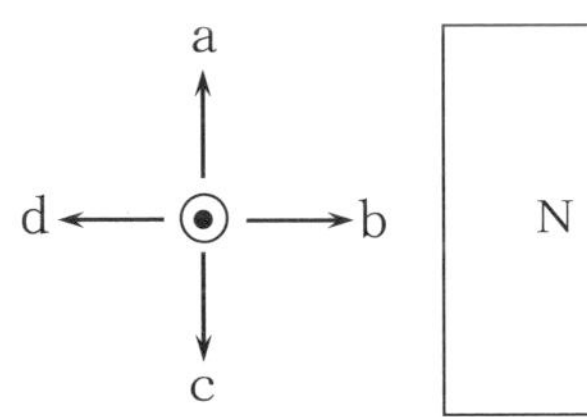

フレミングの左手の法則を導体に適用すると人差し指を磁界の方向（N→Sの方向），中指を電流の方向（紙面の裏から表へ向かう方向）とすると，親指が力の方向となるので紙面の上から下の方向 c となることが分かる。

【重要問題 5】（フレミングの左手の法則 2）

図に示す平行導体イ，ロに電流を流したとき，導体イに働く力の方向として，**正しいもの**はどれか。ただし，導体イには紙面の表から裏に向かう方向に，導体ロには紙面の裏から表に向かう方向に電流が流れるものとする。

1. a
2. b
3. c
4. d

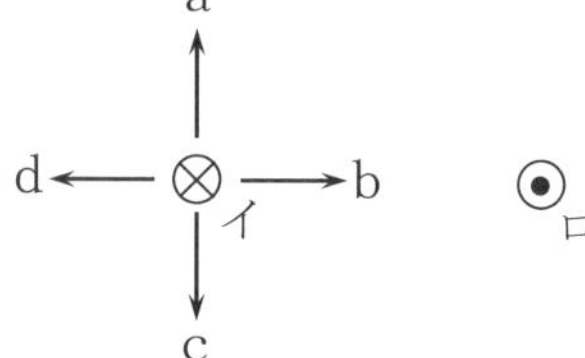

実際の現象は複雑であるが以下のようにすると簡単に理解することが出来る。平行導体ロによる平行導体イの中心の磁界の方向は，アンペアの右ねじの法則を平行導体ロに適用すると c の方向となる。これよりフレミングの左手の法則を平行導体イに適用すると，平行導体イに働く力の方向は d の方向になる。平行導体ロにも同じように適用すると働く力の方向は b の方向になり両導体には反発力が働いている事が分かる。一般に，2 本の平行導体に流れる電流の方向が同じであれば吸引力，異なる場合には反発力が働くと覚えておこう。

解答

【重要問題 1】 1
【重要問題 2】 2
【重要問題 3】 1
【重要問題 4】 3
【重要問題 5】 4

2．電気理論その2

（解答はP. 21）

《学習内容》

金属導体の抵抗値，キルヒホッフの第2法則，抵抗の合成，並列回路の電流について学びます。

【重要問題6】（金属導体の抵抗値）

図に示す金属導体Bの抵抗値は，金属導体Aの抵抗値の何倍になるか。ただし，金属導体A及びBの材質及び温度条件は同一とする。

1. $\frac{1}{8}$
2. $\frac{1}{2}$
3. 2
4. 8

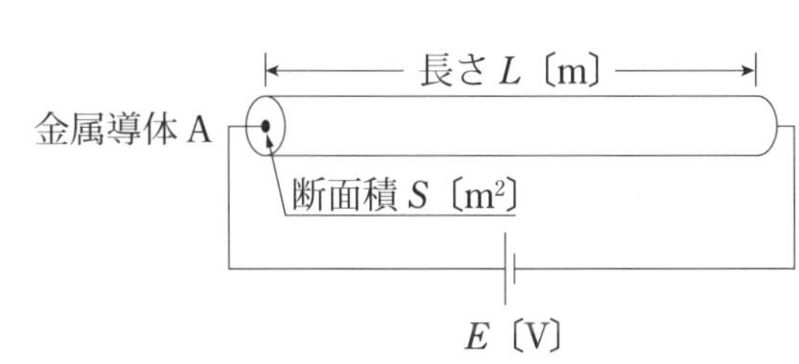

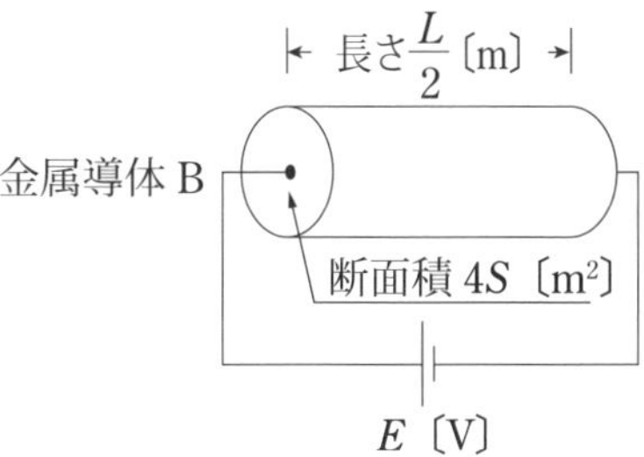

解説

金属導体Bの長さを $\frac{L}{2}$〔m〕，断面積を $4S$〔m²〕とすると，この場合の金属導体Bの抵抗値 R_B〔Ω〕は，次のように表すことができる。

$$R_B=\rho\frac{\frac{L}{2}}{4S}=\frac{1}{8}\times\rho\frac{L}{S}=\frac{R_A}{8}\ 〔\Omega〕$$

【重要問題７】（キルヒホッフの第２法則） **第二次検定としての出題例**

図に示す直流回路網における起電力E〔V〕の値として，**正しいもの**はどれか。

1. 8〔V〕
2. 10〔V〕
3. 16〔V〕
4. 20〔V〕

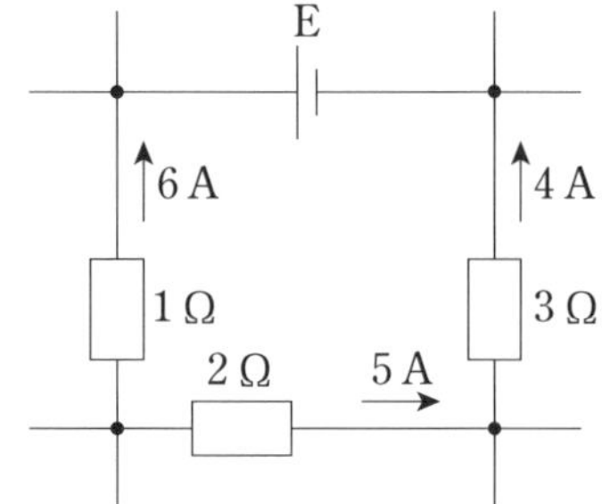

キルヒホッフの第２法則より，起電力E〔V〕の方向に対する抵抗の電圧降下は５〔A〕の電流と４〔A〕の電流が正の電圧降下となり，６〔A〕の電流が負の電圧降下となるので，

$$E=-6\times1+5\times2+4\times3=-6+10+12=16 \text{〔V〕}$$

となる。

【重要問題８】（抵抗の合成）

図に示す回路において，A−B 間の合成抵抗値が 60〔Ω〕であるとき，抵抗R〔Ω〕の値として**正しいもの**はどれか。

1. 40〔Ω〕
2. 100〔Ω〕
3. 120〔Ω〕
4. 150〔Ω〕

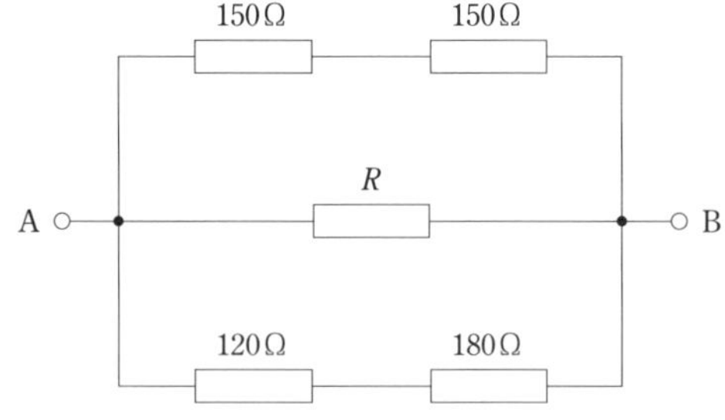

解説

直列部分の合成抵抗をそれぞれR_1〔Ω〕とR_2〔Ω〕とすれば，

$R_1 = 150 + 150 = 300$〔Ω〕

$R_2 = 120 + 180 = 300$〔Ω〕

となるので，これらの抵抗を合成すれば，

$$R_0 = \frac{R_1 R_2}{R_1 + R_2} = \frac{300 \times 300}{300 + 300} = 150 \text{〔Ω〕}$$

となる。この R_0 と R の合成が 60〔Ω〕なので，

$$60 = \frac{R_0 R}{R_0 + R} = \frac{150\,R}{150 + R} \text{〔Ω〕}$$

$\therefore\quad 60(150 + R) = 9000 + 60\,R = 150\,R$

$\therefore\quad 150\,R - 60\,R = 9000$

$$\therefore\quad R = \frac{9000}{150 - 60} = 100 \text{〔Ω〕}$$

となる。

【重要問題９】（並列回路の電流）

図に示す回路において，回路を流れる電流 I_1〔A〕及び I_2〔A〕の値の組合せとして，正しいものはどれか。

	I_1	I_2
1.	0.2〔A〕	0.2〔A〕
2.	0.2〔A〕	0.6〔A〕
3.	0.4〔A〕	1.2〔A〕
4.	0.6〔A〕	0.2〔A〕

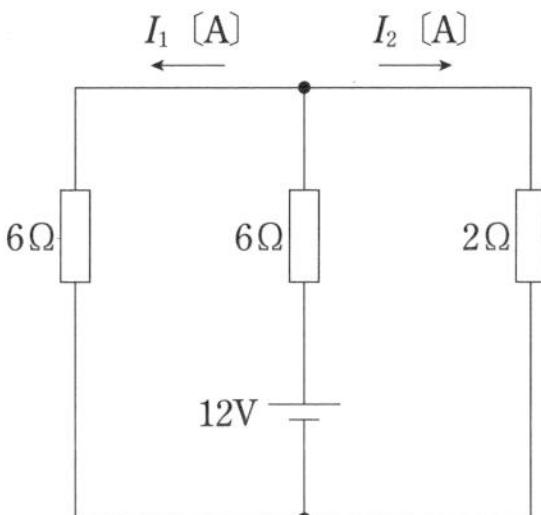

電源から見た合成抵抗 R_0〔Ω〕は次のようになる。

$$R_0 = 6 + \frac{6 \times 2}{6 + 2} = 6 + 1.5 = 7.5 \text{〔Ω〕}$$

電流 I_1〔A〕及び I_2〔A〕の値は分流公式より次のように計算できる。

$$I_1 = \frac{12}{7.5} \times \frac{2}{6 + 2} = \frac{6}{15} = 0.4 \text{〔A〕}$$

$$I_2 = \frac{12}{7.5} \times \frac{6}{6 + 2} = \frac{18}{15} = 1.2 \text{〔A〕}$$

【関連問題 1】

図に示す回路において，回路に流れる電流が 5〔A〕であるとき，抵抗 R〔Ω〕の値として，**正しいもの**はどれか。ただし，この回路に加える電圧は 4〔V〕とする。

1. 0.8〔Ω〕
2. 1.0〔Ω〕
3. 1.2〔Ω〕
4. 1.4〔Ω〕

$I = 5\,\text{A}$ ⟶

$E = 4\,\text{V}$

R　R　R

解 説

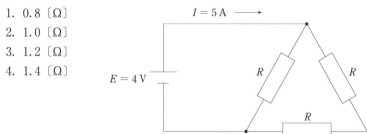

この回路は，抵抗 R〔Ω〕と抵抗 $2R$〔Ω〕の並列回路なので合成抵抗 R_0〔Ω〕は，次のようになる。

$$R_0 = \frac{R \times 2R}{R + 2R} = \frac{2R^2}{3R} = \frac{2R}{3}\ 〔\Omega〕$$

この回路に加える電圧は 4〔V〕で，回路に流れる電流が 5〔A〕であるので，**オームの法則**により次のようになる。

$$\frac{2R}{3} = \frac{4}{5}\ 〔\Omega〕$$

$$\therefore\quad R = \frac{4}{5} \times \frac{3}{2} = \frac{6}{5} = 1.2\ 〔\Omega〕$$

【関連問題２】

図に示す回路において，回路全体の合成抵抗と電流 I_2 の値の組合せとして，**正しいもの**はどれか。ただし，電池の内部抵抗は無視するものとする。

	合成抵抗	I_2
1.	25〔Ω〕	2〔A〕
2.	25〔Ω〕	4〔A〕
3.	85〔Ω〕	2〔A〕
4.	85〔Ω〕	4〔A〕

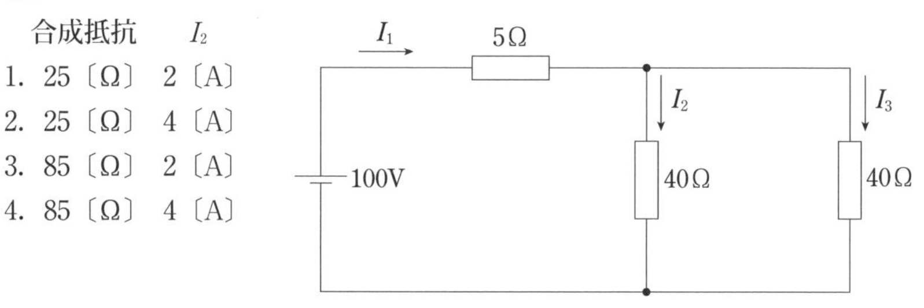

解説

合成抵抗 R_0〔Ω〕は，次のように計算できる。

$$R_0=R_1+\frac{R_2R_3}{R_2+R_3}=5+\frac{40\times40}{40+40}=5+20=25〔\Omega〕$$

電流 I_2〔A〕の値は，電源に流れる電流の半分なので次のように計算できる。

$$I_2=\frac{100}{R_0}\times\frac{1}{2}=\frac{100}{25\times2}=2〔A〕$$

解答

【重要問題６】 1
【重要問題７】 3
【重要問題８】 2
【重要問題９】 3　【関連問題１】 3　【関連問題２】 1

3．電気理論その3

（解答はP. 25）

《学習内容》

コンデンサの容量，コンデンサの合成，単相交流回路の電流，△回路の線電流，Y回路の線電流について学びます。

【重要問題 10】（コンデンサの容量）

図に示す面積 S〔m^2〕の金属板2枚を平行に向かい合わせたコンデンサにおいて，金属板間の距離が d〔m〕のときの静電容量が C_1〔F〕であった。その金属板間の距離を $2d$〔m〕にしたときの静電容量 C_2〔F〕として，**正しいもの**はどれか。ただし，金属板間の誘電率は一定とする。

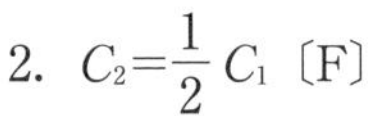

1. $C_2=\frac{1}{4}C_1$〔F〕
2. $C_2=\frac{1}{2}C_1$〔F〕

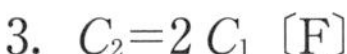

3. $C_2=2C_1$〔F〕
4. $C_2=4C_1$〔F〕

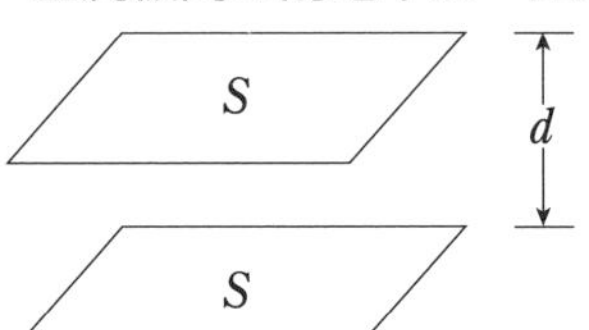

解説

コンデンサの面積 S〔m^2〕，板間の距離の d〔m〕，導体間の誘電率 ε〔F/m〕のときの静電容量 C_1〔F〕は，次のように表すことができる。

$$C_1=\varepsilon\frac{S}{d}\text{〔F〕}$$

上式において，板間の距離を $2d$〔m〕とすれば次のようになる。

$$C_2=\varepsilon\frac{S}{2d}=\frac{1}{2}\times\varepsilon\frac{S}{d}=\frac{1}{2}C_1\text{〔F〕}$$

【重要問題 11】（コンデンサの合成）

同じ静電容量のコンデンサを図のようにA，Bの接続を行ったとき，Aの合成静電容量は，Bの何倍となるか。

1. $\frac{1}{4}$倍
2. $\frac{1}{2}$倍
3. 2倍
4. 4倍

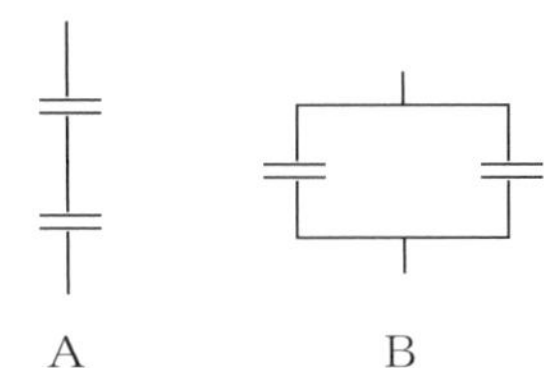

1個のコンデンサの静電容量をCとすると，Aの接続の場合の合成静電容量をC_A，Bの接続の場合の合成静電容量をC_B，とすればそれぞれ次のようになる。

$$C_A=\frac{C\times C}{C+C}=\frac{C}{2}$$

$$C_B=C+C=2C$$

$$\therefore\quad \frac{C_A}{C_B}=\frac{C/2}{2C}=\frac{1}{4}\text{倍}$$

【重要問題 12】（単相交流回路の電流）

図に示す単相交流回路の電流I〔A〕の値として，**適当なもの**はどれか。ただし，電圧Eは200〔V〕とし，抵抗Rは4〔Ω〕，リアクタンスXは3〔Ω〕とする。

1. 8〔A〕
2. 20〔A〕
3. 29〔A〕
4. 40〔A〕

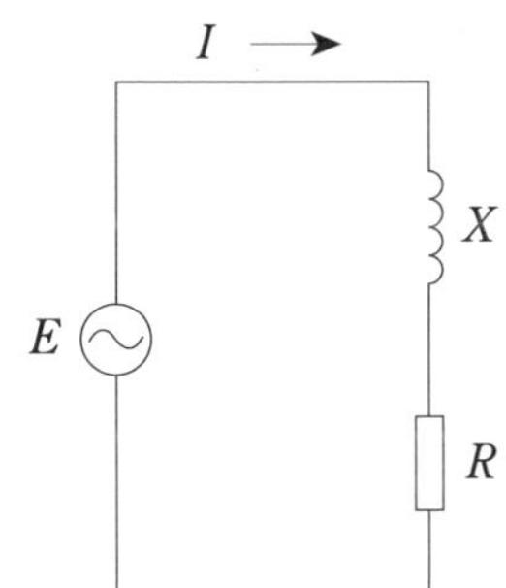

回路のインピーダンス Z〔Ω〕は，

$$Z=\sqrt{R^2+X^2}=\sqrt{4^2+3^2}=5〔\Omega〕$$

となるので，単相交流回路の電流 I〔A〕の値は次のようになる

$$I=\frac{E}{Z}=\frac{200}{5}=40〔A〕$$

である。

【重要問題 13】（△回路の線電流）

図に示す三相負荷に三相交流電源を接続したときの電流 I〔A〕の値として，**正しいもの**はどれか。

1. $\frac{10}{\sqrt{3}}$〔A〕
2. $\frac{20}{\sqrt{3}}$〔A〕
3. $10\sqrt{3}$〔A〕
4. $20\sqrt{3}$〔A〕

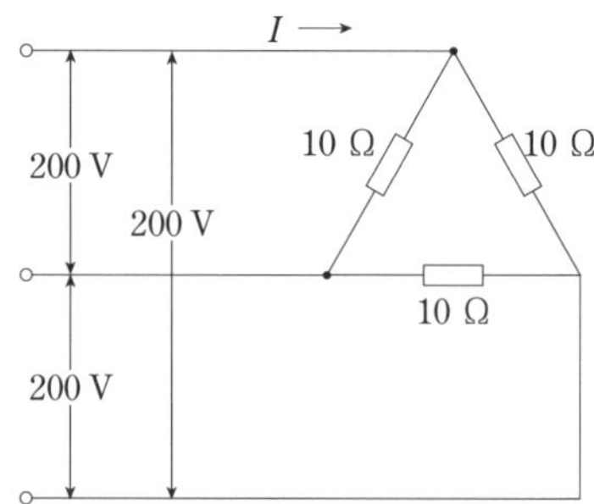

10Ωの抵抗に流れる相電流 I_P〔A〕は，

$$I_P=\frac{200}{10}=20〔A〕$$

となるので，線電流 I〔A〕の値は相電流の $\sqrt{3}$ 倍の関係により次のように計算できる。

$$I=\sqrt{3}I_P=\sqrt{3}\times20=20\sqrt{3}〔A〕$$

【重要問題 14】（Y 回路の線電流）

図に示す三相負荷に三相交流電源を接続したときに流れる電流 I〔A〕の値として，**正しいもの**はどれか。

1. $\dfrac{10}{\sqrt{3}}$〔A〕
2. $\dfrac{20}{\sqrt{3}}$〔A〕
3. $10\sqrt{3}$〔A〕
4. $20\sqrt{3}$〔A〕

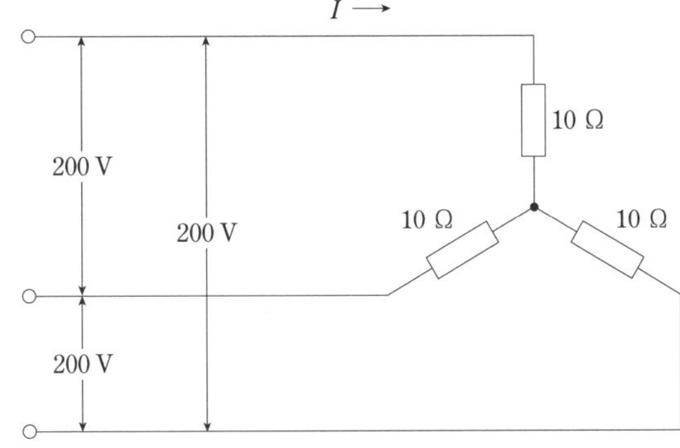

線電流を I〔A〕，線間電圧を V〔V〕とすれば，

$$I=\frac{V}{\sqrt{3}R}\text{〔A〕}$$

より，

$$I=\frac{200}{\sqrt{3}\times 10}=\frac{20}{\sqrt{3}}\text{〔A〕}$$

である。

【重要問題 10】 2
【重要問題 11】 1
【重要問題 12】 4
【重要問題 13】 4
【重要問題 14】 2

4. 電気計測

（解答はP. 30）

《学習内容》

指示電気計器の記号と名称，倍率器，分流器，ブリッジ回路の平衡条件，電力量計の計器定数について学びます。

【重要問題 15】（指示電気計器の記号と名称）

指示電気計器を動作原理により分類した場合の記号と名称の組合せとして，適当なものはどれか。

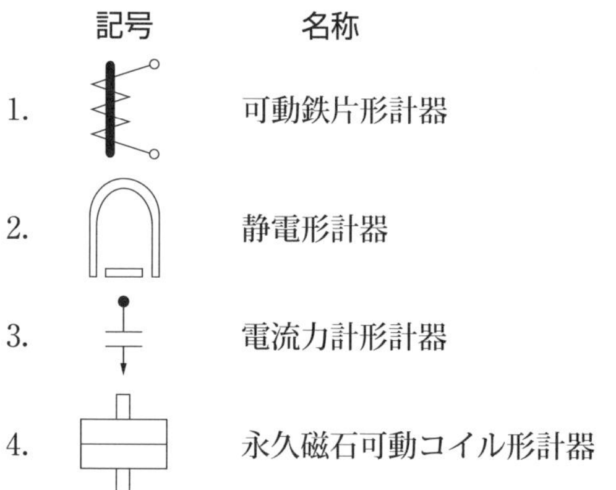

記号
名称
1.
可動鉄片形計器
2.
静電形計器
3.
電流力計形計器
4.
永久磁石可動コイル形計器

解説

可動鉄片形計器の記号が正しい。2. は永久磁石可動コイル形計器で，過去に直流のみ測定できる計器，又は交流を測定出来ない計器として出題されているので確実に覚えておこう。 3. は静電形計器，4. は電流力計形計器である。

【重要問題 16】（倍率器）

図に示す，内部抵抗 10〔kΩ〕，最大目盛 20〔V〕の永久磁石可動コイル形電圧計を使用し，最大 200〔V〕まで測定するための倍率器の抵抗 R_m〔kΩ〕の値として，**適当なもの**はどれか。

1. 10〔kΩ〕
2. 90〔kΩ〕
3. 100〔kΩ〕
4. 900〔kΩ〕

内部抵抗 $R_v=10$〔kΩ〕，最大目盛 $V_m=20$〔V〕の電圧計を使用して最大 $V_{max}=200$〔V〕まで測定できるようにするために必要な**倍率器の抵抗** R_m〔kΩ〕は，

$$R_m=\left(\frac{V_{max}}{V_m}-1\right)R_v=\left(\frac{200}{20}-1\right)\times 10=(10-1)\times 10=90 \text{〔kΩ〕}$$

である。

【重要問題 17】（分流器）

図に示す分流器を接続した直流電流計で測定できる最大の電流値として，**正しいもの**はどれか。ただし，電流計の最大目盛 50 mA，電流計の内部抵抗 $R_a=1.9\Omega$，分流器の抵抗 $R_s=0.1\Omega$とする。

1. 100 mA
2. 200 mA
3. 500 mA
4. 1000 mA

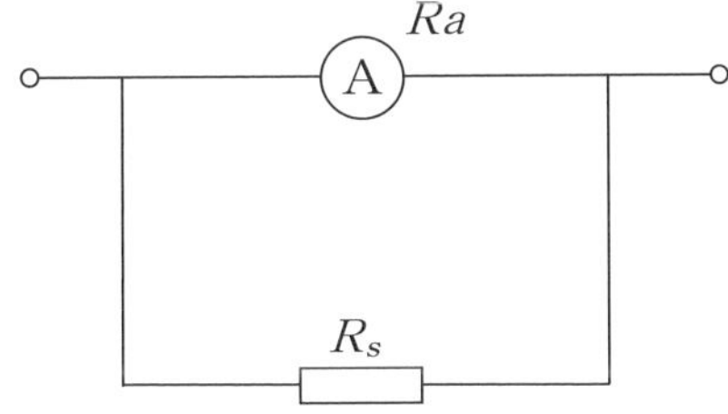

解説

電流計の**最大目盛** I_m〔A〕，電流計の**内部抵抗** R_a〔Ω〕，測定できる**最大の電流値** I_{max}〔A〕，分流器の抵抗値 R_s〔Ω〕，**分流器の倍率** m とすれば，次のようになる。

$$R_S=\frac{R_a}{m-1}=\frac{R_a}{\frac{I_{max}}{I_m}-1}=\frac{I_mR_a}{I_{max}-I_m}$$

$$\therefore\quad I_{max}=\frac{I_mR_a}{R_S}+I_m=\left(\frac{R_a}{R_S}+1\right)I_m\ 〔\Omega〕$$

上式より測定できる最大の電流値 I_{max} は，次のように求めることできる。

$$I_{max}=\left(\frac{R_a}{R_S}+1\right)I_m=\left(\frac{1.9}{0.1}+1\right)\times 50=20\times 50=1000\ 〔\mathrm{mA}〕$$

【重要問題 18】（ブリッジ回路の平衡条件）

図に示すホイートストンブリッジ回路において，可変抵抗 R_1 を 12.0〔Ω〕にしたとき，検流計 G に電流が流れなくなった。このときの抵抗 R_x の値として，**正しいもの**はどれか。ただし，R_2=8.0〔Ω〕，R_3=15.0〔Ω〕とする。

1.　0.1〔Ω〕
2.　6.4〔Ω〕
3.　10.0〔Ω〕
4.　22.5〔Ω〕

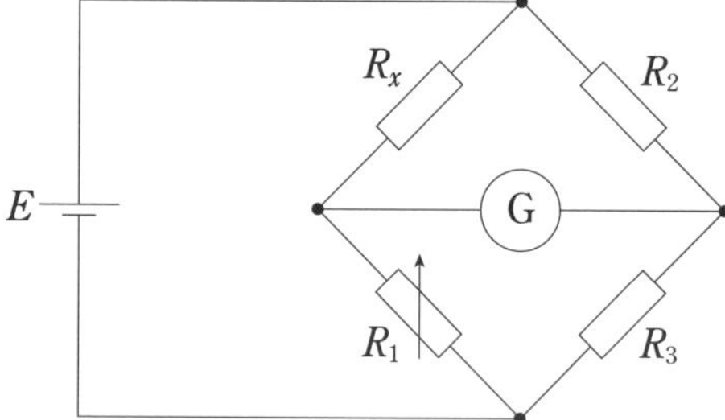

検流計 G に電流が流れなくなったので，直流回路のホイートストンブリッジ回路の平衡条件が成立している。平衡条件より，

$$R_3R_x=R_1R_2$$

が成立すればよいので，上式より抵抗 R_x〔Ω〕の値は次のように求めることができる。

$$R_x=\frac{R_1R_2}{R_3}=\frac{12\times 8}{15}=6.4\ 〔\Omega〕$$

【重要問題 19】（電力量計の計器定数）

計器定数（1〔kW·h〕当たりの円板の回転数）2000〔rev/kW·h〕の単相2線式の電力量計を，電圧100〔V〕，電流10〔A〕，力率0.8の回路に15分間接続した場合の円板の回転数として，**正しいもの**はどれか。

1. 400回転
2. 500回転
3. 600回転
4. 800回転

この回路の電力 P〔W〕は，

$P = VI\cos\theta = 100\times10\times0.8 = 800$〔W〕$= 0.8$〔kW〕

である。計器定数が2000〔rev/kW·h〕なので1〔kW〕の電力を1時間計測すれば2000回転するということである。回路の消費電力は0.8〔kW〕なので2000回転の0.8倍であり，測定時間は15分なのでさらに2000×0.8の0.25倍となる。ゆえの回転数 N は，

$N = 2000\times0.8\times0.25 = 400$ 回転

となる。

【関連問題】

単相2線式の定格電圧100Vの単相電力量計が，電圧100V，電流10A，力率0.6の回路に接続されているとき，円板が1000回転する時間として，**正しいもの**はどれか。ただし，計器定数（1〔kW·h〕当たりの円板の回転数）2000〔rev/kW·h〕とする。

1. 18分
2. 20分
3. 30分
4. 50分

解説

この回路の電力P〔W〕は，

$$P = VI\cos\theta = 100 \times 10 \times 0.6 = 600〔W〕= 0.6〔kW〕$$

である。計器定数が2000〔rev/kW·h〕なので1〔kW〕の電力を1時間計測すれば2000回転するということである。回路の消費電力は0.6〔kW〕なので2000回転の0.6倍であり，測定時間をT分とすれば回転数Nは，

$$N = 2000 \times 06 \times T/60 = 1000 \text{ 回転}$$

より，

$$T = \frac{60 \times 1000}{2000 \times 0.6} = 50 \text{ 分}$$

となる。

【重要問題15】 1

【重要問題16】 2

【重要問題17】 4

【重要問題18】 2

【重要問題19】 1　【関連問題】 4

5．電気機械その1

（解答は P. 33）

《学習内容》

単相変圧器のV−V 結線，三相変圧器の並行運転，変圧器の損失，変圧器に用いる絶縁油の条件について学びます。

【重要問題 20】（単相変圧器の V−V 結線）

定格容量 P〔kV·A〕の単相変圧器 2 台を V−V 結線で使用したとき，三相負荷に供給可能な最大容量〔kV·A〕として適当なものはどれか。

1. $\dfrac{\sqrt{3}}{2}P$〔kV·A〕
2. $\dfrac{2}{\sqrt{3}}P$〔kV·A〕
3. $\dfrac{3}{2}P$〔kV·A〕
4. $\sqrt{3}P$〔kV·A〕

解説

V 結線の利用率は$\sqrt{3}/2$なので次のようになる。

$$2P\times\frac{\sqrt{3}}{2}=\sqrt{3}P\text{〔kV·A〕}$$

【重要問題 21】（三相変圧器の並行運転）

2 台の三相変圧器を並行運転する場合，変圧器の結線の組合せとして，不適当なものはどれか。

1. △−△結線と△−△結線
2. Y−Y 結線と△−△結線
3. Y−Y 結線と Y−Y 結線
4. △−△結線と△−Y 結線

解説

並行運転出来ない結線の組み合わせは，△−△結線と△−Y 結線（Y−△結線），Y－Y 結線と Y－△結線（△－Y 結線）である。

【関連問題】

単相変圧器 2 台の並行運転の条件として，必要でないものはどれか。

1. 変圧器の極性が一致していること。
2. 変圧器の巻数比が等しいこと。
3. 変圧器の全負荷効率が等しいこと。
4. 変圧器の巻線抵抗と漏れリアククンスの比が等しいこと。

解 説

変圧器の全負荷効率が等しいことは必要ではない。この他に各変圧器の百分率短絡インピーダンス（%インピーダンス降下）が等しいことがある。三相変圧器の並行運転条件は上記の他に相回転が一致していること及び角変位が一致していることがある。

【重要問題 22】（変圧器の損失）

変圧器の損失に関する記述として，最も不適当なものはどれか。ただし，周波数は一定とする。

1. 鉄損は，電圧の 2 乗に比例する。
2. 鉄損には，渦電流損が含まれる。
3. 銅損は，電流の 2 乗に比例する。
4. 銅損には，ヒステリシス損が含まれる。

解説

ヒステリシス損が含まれるのは鉄損である。

【関連問題】

受変電設備に使用する変圧器の損失のうち，負荷電流に対する銅損と鉄損の関係の組合せとして，適当なものはどれか。ただし，周波数と電圧は一定とする。

	銅　損	鉄　損
1.	負荷電流の 2 乗に比例	一　定
2.	負荷電流の 2 乗に比例	負荷電流に比例
3.	負荷電流に比例	一　定
4.	負荷電流に比例	負荷電流に比例

解説

変圧器の**鉄損**はヒステリシス損と渦電流損で表すことができ，鉄損は負荷の大きさに係わらずほぼ**一定**の値となるので，**無負荷損**ともいわれる。変圧器の**銅損**は主に巻線の**ジュール損**で表すことができるので**負荷損**とも呼ばれ，銅損は巻線に流れる電流（負荷率）の**２乗**に比例する。

【重要問題 23】（変圧器に用いる絶縁油の条件）

変圧器に用いる絶縁油の条件として，不適当なものはどれか。

1. 絶縁耐力が大きい。
2. 冷却作用が大きい。
3. 引火点が低い。
4. 粘度が低い。

引火点が低いと火災の原因になるので高くなければならない。

解答

【重要問題 20】 4
【重要問題 21】 4 【関連問題】 3
【重要問題 22】 4 【関連問題】 1
【重要問題 23】 3

6. 電気機械その2

(解答は P. 36)

《学習内容》

同期発電機の同期速度，同期発電機の並行運転，直流電動機の起電力，直流発電機の種類について学びます。

【重要問題 24】（同期発電機の同期速度）

極数が P の同期発電機を 1 分間に N 回転で運転した場合，発生する起電力の周波数 f〔Hz〕を表わす式として，**正しいもの**はどれか。

1. $f=\dfrac{PN}{240}$〔Hz〕 2. $f=\dfrac{PN}{120}$〔Hz〕 3. $f=\dfrac{PN}{60}$〔Hz〕 4. $f=\dfrac{PN}{30}$〔Hz〕

解説

極数が P で起電力の周波数 f〔Hz〕の同期発電機の 1 分間の N 回転を表わす式（同期速度）は，

$$N=\frac{120f}{P}\text{〔min}^{-1}\text{〕}$$

となるので，周波数 f〔Hz〕は次のようになる。

$$f=\frac{PN}{120}\text{〔Hz〕}$$

【関連問題】

同期発電機の同期速度 N〔min^{-1}〕の値として，**正しいもの**はどれか。ただし，同期発電機の極数 $P=8$，周波数 $f=60$〔Hz〕とする。

1. 750〔min^{-1}〕 2. 900〔min^{-1}〕 3. 1000〔min^{-1}〕 4. 1200〔min^{-1}〕

解 説

同期発電機の同期速度 N〔min^{-1}〕の値は重要問題より次のようになる。

$$N=\frac{120f}{P}=\frac{120\times60}{8}=900\text{〔min}^{-1}\text{〕}$$

【重要問題 25】（同期発電機の並行運転）

同期発電機の並行運転を行うための条件として，必要のないものはどれか。

1. 起電力の大きさが等しい。
2. 起電力の位相が一致している。
3. 起電力の周波数が等しい。
4. 定格容量が等しい。

定格容量が等しい条件は必要がない。

【重要問題 26】（直流他励電動機の起電力）

回転速度 1500〔min^{-1}〕のときの起電力が 200〔V〕の直流他励発電機を，回転速度 1350〔min^{-1}〕で運転したときの起電力の値として，正しいものはどれか。ただし，界磁電流は一定とする。

1. 162 V　　2. 180 V　　3. 200 V　　4. 222 V

直流他励発電機の起電力は界磁磁束が一定であれば，回転数に比例するので，回転速度 1350〔min^{-1}〕で運転したときの起電力の値 E〔V〕は次のようになる。

$$E=\frac{1350}{1500}\times 200=180\text{〔V〕}$$

【重要問題 27】（直流発電機の種類）

図に示す直流発電機の界磁巻線の接続方法のうち，分巻発電機の接続図として，適当なもはどれか。ただし，各記号は次のとおりとする。

A：電機子　F：界磁巻線　I：負荷電流　I_a：電機子電流　I_f：界磁電流

1.

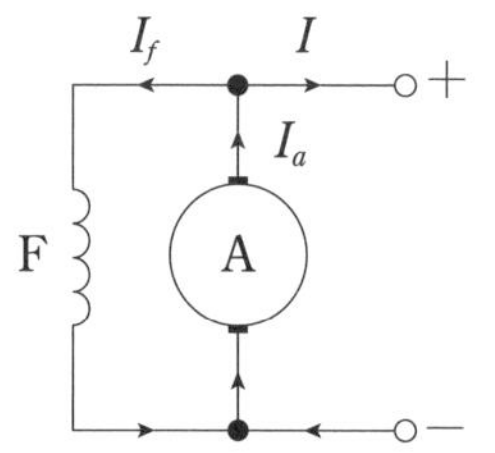

2.

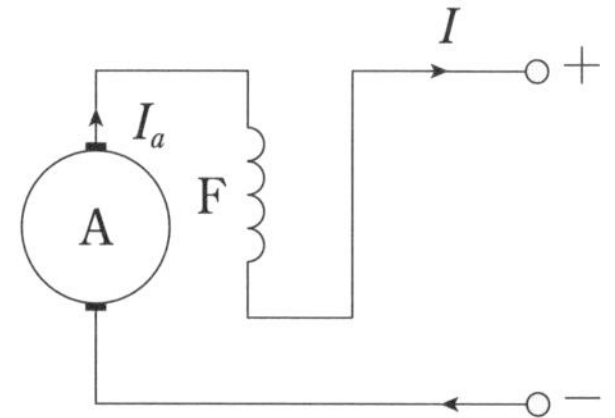

3.

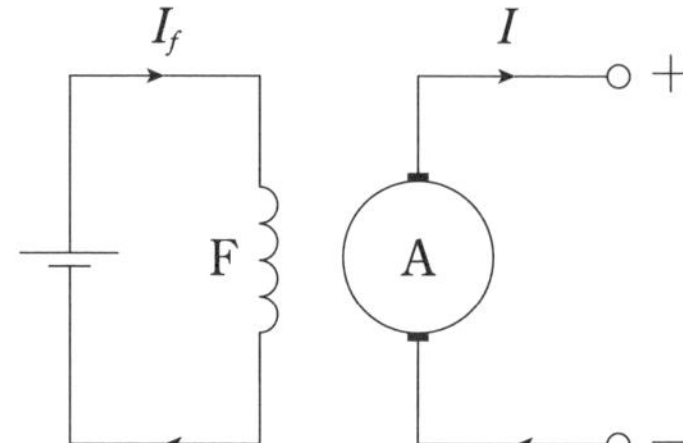

4.

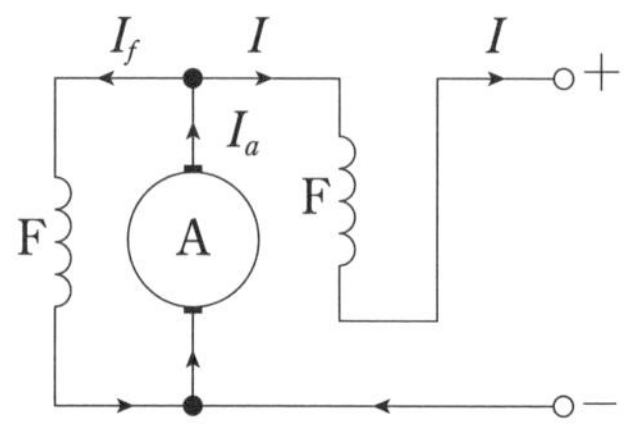

解説

2. は直巻発電機，3. は他励発電機，4. 複巻発電機である。

解答

【重要問題 24】 2　【関連問題】 2

【重要問題 25】 4

【重要問題 26】 2

【重要問題 27】 1

7．電気機械その3

（解答はP. 40）

《学習内容》

高圧交流遮断器の特徴，高圧真空遮断器の特徴，ガス遮断器の特徴，高圧限流ヒューズの特徴，進相コンデンサの特徴，電力用避雷器に要求される性能について学びます。

【重要問題 28】（高圧交流遮断器の特徴）

高圧交流遮断器に関する記述として，不適当なものはどれか。

1. 負荷状態での電路の開閉を行うことができる。
2. 地絡，短絡などの故障時の電流を遮断することができる。
3. 定格遮断時間は，定格周波数を基準としたサイクル数で表す。
4. 高速遮断が可能であるが，電流遮断後は再使用できない。

負荷電流や故障電流を繰り返して遮断出来る。

【重要問題 29】（高圧真空遮断器の特徴）

高圧真空遮断器に関する記述として，最も不適当なものはどれか。

1. アークによる火災のおそれがない。
2. 小形，軽量なので段積みが可能である。
3. 電流遮断時に，異常電圧を発生するおそれがない。
4. 電流遮断は，真空の遮断筒（バルブ）内で行われる。

真空におけるアークの拡散作用を利用して消弧を行うものであり，アーク電圧が低く電極消耗が少ないため，変電所の低電圧・中容量の遮断器として広く用いられているが，消弧作用が大きすぎて遮断時に異常電圧が発生する場合がある。

【関連問題】

真空遮断器に関する記述として，不適当なものはどれか。

1. 負荷電流の開閉を行うことができる。
2. 地絡，短絡などの故障時の電流を遮断することができる。
3. 短絡電流を遮断した後は再使用できない。
4. 高真空状態のバルブの中で接点を開閉する。

解説

負荷電流や故障電流を繰り返して遮断できる。

【重要問題 30】（ガス遮断器の特徴）

ガス遮断器に関する記述として，最も不適当なものはどれか。

1. 空気遮断器に比べて，開閉時の騒音が大きい。
2. 高電圧・大容量用として使用されている。
3. 空気遮断器に比べて，消弧能力が優れている。
4. 使用される SF_6 ガスは，空気に比べて絶縁耐力が大きい。

ガス遮断器ではアークに SF_6 ガスを吹き付けて消弧する方式が主として採用されている。SF_6 ガスは，ガス圧の増加によって絶縁耐力が増加する特徴をもっている。ガスを放出しないので空気遮断器に比べて，開閉時の騒音が小さい。

【重要問題 31】（高圧限流ヒューズの特徴）

故障電流の遮断特性において，遮断器と比べた高圧限流ヒューズの特徴として，不適当なものはどれか。

1. 短絡電流の高速度遮断ができる。
2. 小形で定格遮断電流の大きなものができる。
3. 動作音は，実用上無視できる程度である。
4. 小電流範囲の遮断に適している。

小電流範囲において遮断できない場合があったり，溶断時間にばらつきが生

じたりするので，最小遮断電流が明示されている。この最小遮断電流以下を遮断する場合には他の手段を用いる必要がある。

【重要問題 32】（進相コンデンサの特徴）

進相コンデンサを誘導性負荷に並列に接続した場合の電源側回路に生じる効果として，最も不適当なものはどれか。

1. 電圧降下の軽減
2. 電力損失の低減
3. 周波数変動の抑制
4. 遅れ無効電流の減少

周波数変動の抑制には効果がない。

【関連問題】

進相コンデンサと接続して使用する直列リアクトルに関する記述として，不適当なものはどれか。

1. 電圧波形のひずみを軽減する。
2. コンデンサ開放時の残留電荷を短時間に放電させる。
3. 遮断時の再点弧発生時に電源側のサージ電圧を抑制する。
4. コンデンサ回路に流入する高調波に対して誘導性になるように選定する。

解説

コンデンサ開放時の残留電荷を短時間に放電させるものは，放電コイル又は放電抵抗である。

【重要問題 33】（電力用避雷器に要求される性能）

電力用避雷器に要求される性能として，適当でないものは次のうちどれか。

1. 動作開始電圧は，定格電圧より高くする。
2. 高調波を抑制する。
3. 異常電圧を放電後，続流を遮断する。
4. 雷サージによる過電圧を抑制する。

電力用避雷器には，高調波を抑制する機能は要求されてない。

【関連問題】

避雷器に関する次の文章中，[　　] に当てはまる語句の組み合わせとして，適当なものはどれか。

「避雷器は，雷や回路の開閉などによって生じた異常電圧に伴う電流を [　イ　] に分流し，その異常電圧の [　ロ　] を低減して機器の絶縁を保護する。」

	イ	ロ
1.	大気中	実効値
2.	大　地	高調波
3.	大気中	波尾長
4.	大　地	波高値

解説

避雷器は，JIS により，「雷及び回路の開閉などに起因する衝撃過電圧に伴う電流を，大地へ分流することによって過電圧を制限して電気設備の絶縁を保護し，かつ続流を短時間に遮断して，電路の正規状態を乱すことなく，原状に自復する機能を持つ装置」と定義されている。

実効値は交流の電圧・電流の大きさを表す値。

高調波は，基本波の整数倍の周波数をもつ波形で，高周波と共にある特定の周波数帯を表す。

波高値は波形の振幅の最高値をいい，その波高値に至るまでの時間を波頭長，その波高値が 50% にまで減衰するのに要する時間のことを波尾長という。

解答

【重要問題 28】 4

【重要問題 29】 3　【関連問題】 3

【重要問題 30】 1

【重要問題 31】 4

【重要問題 32】 3　【関連問題】 2

【重要問題 33】 2　【関連問題】 4

8．電力系統

（解答は P. 42）

《学習内容》

無効電力を調整する目的，短絡容量の抑制対策，電力系統における保護リレーシステムの役割について学びます。

【重要問題 34】（無効電力を調整する目的）

電力系統において無効電力を調整する目的として，不適当なものはどれか。

1. 電圧変動の抑制
2. 送電電力の増加
3. 送電損失の軽減
4. 短絡容量の軽減

短絡容量と無効電力の調整は関係がない。

【重要問題 35】（短絡容量の抑制対策）

電力系統における短絡容量の抑制対策に関する記述として，不適当なものはどれか。

1. 限流リアクトルを使用する。
2. 直流連系による交流系統を分割する。
3. 変電所の母線を分割する。
4. 低インピーダンス変圧器を使用する。

解説

電力系統における短絡容量は，系統に接続されている機器のインピーダンスが小さくなると増加するので，低インピーダンス変圧器を使用すると逆に短絡容量が増加する。抑制対策は，限流リアクトルを使用する，直流連系による交流系統を分割する，変電所の母線を分割するなどがある。

【重要問題 36】（電力系統における保護リレーシステムの役割）

電力系統における保護リレーシステムの役割として，最も不適当なものはどれか。

1. 直撃雷から機器を保護する。
2. 送電線路の事故の拡大を防ぐ。
3. 電力系統の安定性を維持する。
4. 異常が発生した機器を系統から切り離す。

直撃雷から機器を保護するものは，架空地線や避雷器などである。

【関連問題】

電力用保護継電器に関する記述として，不適当なものはどれか。

1. 反限時継電器は，動作時間が動作電流の大きさに比例する。
2. 定限時継電器は，動作時間が動作電流の大きさに関係なく一定である。
3. 瞬限時継電器は，動作時間に特に限時作用を与えないものである。
4. 反限時性定限時継電器は，ある電流値までは動作時間が反限時特性であるが，それ以上になると定限時となるものである。

解説

反限時継電器は，電流が大きくなるに従って，継電器の動作時間が短くなり，電流値と動作時間が反比例する特性を有する継電器である。

【重要問題 34】 4
【重要問題 35】 4
【重要問題 36】 1　【関連問題】 1

9．電力応用その1

（解答は P. 46）

《学習内容》

照明に関する単位，照明に関する用語，全般照明における平均照度，距離の逆2乗の法則について学びます。

【重要問題 37】（照明に関する単位）

照明に関する用語と単位の組合せとして，不適当なものはどれか。

	用語	単位
1.	光度	cd
2.	光束	lm
3.	照度	lx
4.	輝度	lm/m^2

解説

輝度は，「単位面積，単位立体角に含まれる光束」をいい，単位は〔cd/m^2〕である。光度は「単位立体角に含まれる光束」，光束は「ある面を通過する光の明るさ」を表し，照度は「光束を受ける面の単位面積当りの光束」をいう。また，光束発散度は「ある面から発散する光束」をいい，単位は〔lm/m^2〕である。さらに，色温度とは「ある光に等しい色度を持つ完全放射体の温度」をいい単位は〔K〕である。

【重要問題 38】（照明に関する用語）

照明用語に関する記述として，不適当なものはどれか。

1. 法線照度とは，光源の光軸方向に垂直な面上の照度である。
2. 照明率とは，基準面に達する光束の光源の全光束に対する割合である。
3. 光束法とは，作業面の各位置における直接照度を求めるための計算方法である。
4. 保守率とは，ある期間使用した後に測定した平均照度の，新設時に測定した平均照度に対する割合である。

光束法とは，作業面の平均照度を求めるための計算方法である。

【重要問題 39】（全般照明における平均照度）

全般照明において，平均照度 E〔lx〕を光束法により求める式として，正しいものはどれか。ただし，各記号は次のとおりとする。

N：ランプの本数〔本〕 F：ランプ 1 本当たりの光束〔lm〕

U：照明率 M：保守率 A：被照面の面積〔m^2〕

1. $E=\dfrac{F \cdot N \cdot A \cdot U}{M}$
2. $E=\dfrac{F \cdot N \cdot U \cdot M}{A}$
3. $E=\dfrac{F \cdot N \cdot A}{U \cdot M}$
4. $E=\dfrac{F \cdot N \cdot M}{A \cdot U}$

全般照明では，教室，事務室，工場などで，室全体をほぼ一様な照度になるように照明する方式である。

【関連問題】

光束法による屋内の照度計算に用いる保守率の決定要因として，**関係のないもの**はどれか。

1. 照明器具の清掃回数
2. 光源（ランプ）の種類
3. 使用環境
4. 室指数

解 説

保守率は，照明器具の使用されている環境や清掃の状態，使用されるランプの寿命などにより決定され，初期照度がこれらの要因で低下しても所用の照度を維持することが出来ることを表している。室指数は照明率の算定の時に必要となる。室指数 K は，部屋の間口 X〔m〕，部屋の奥行 Y〔m〕，光源から作業面までの高さ H〔m〕とすれば，

$$K=\frac{XY}{(X+Y)H}$$

で求められる。

【重要問題 40】（距離の逆 2 乗の法則）

照度に関する次の文章中，　　　　に当てはまる語句の組合せとして，適当なものはどれか。

「点光源からの光に垂直な面の照度は，光源の　イ　に比例し，光源からの　ロ　に反比例する。」

	イ	ロ
1.	光度	距離
2.	光度	距離の 2 乗
3.	光度の 2 乗	距離
4.	光度の 2 乗	距離の 2 乗

解説

照度 E〔lx〕は，光源の光度 I〔cd〕，光源からの距離 l〔m〕とすれば I〔cd〕に比例し，l〔m〕の 2 乗に反比例する。これを距離の逆 2 乗の法則という。

$$E=\frac{I}{l^2}\ \text{〔lx〕}$$

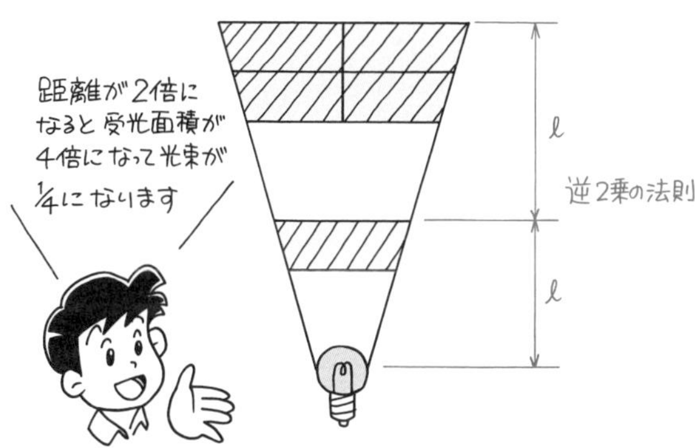

距離が2倍に
なると受光面積が
4倍になって光束が
1/4になります
l
l
逆2乗の法則

【関連問題】

図において床面Ｐ点の水平面照度 E〔lx〕の値として，**正しいもの**はどれか。ただし，光源は点光源とし，Ｐ方向の光度 I は 500 cd とする。

1.　20 lx
2.　30 lx
3.　50 lx
4.　100 lx

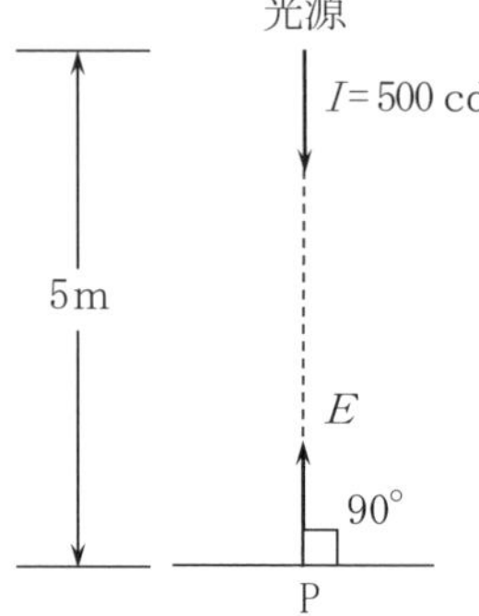

解 説

距離の逆2乗の法則により，題意の数値 I=500〔cd〕，l=5〔m〕を代入すると次のように求めることができる。

$$E=\frac{I}{l^2}=\frac{500}{5^2}=\frac{500}{25}=20\ 〔\mathrm{lx}〕$$

解答

【重要問題 37】 4
【重要問題 38】 3
【重要問題 39】 2　　【関連問題】 4
【重要問題 40】 2　　【関連問題】 1

10. 電力応用その2

（解答はＰ. 49）

《学習内容》

光源の特徴，照明器具の配光，照明の省エネルギー対策，維持照度の推奨値について学びます。

【重要問題41】（光源の特徴）

照明の光源に関する記述として，最も不適当なものはどれか。

1. 低圧ナトリウムランプは，単色光の光源であるため，演色性が悪い。
2. 高圧水銀ランプは，消灯直後の水銀蒸気圧が高いため，すぐには再始動できない。
3. メタルハライドランプは，高圧水銀ランプに比べ演色性が良い。
4. 蛍光ランプは，熱放射による発光を利用したものである。

解説

蛍光ランプは，放電によって生じた**紫外線**を**蛍光物質**にあてて発光させるものである。蛍光灯の始動方式として，瞬時始動式，グロースタータ式及びラピッドスタート式などがある。

【関連問題】

照明器具に関する次の文章中［　　］に当てはまる語句の組合せとして，「日本産業規格（JIS）」上，正しいものはどれか。

「Hf 蛍光灯器具は，［ イ ］点灯専用形蛍光ランプ及び［ イ ］点灯専用形蛍光灯［ ロ ］安定器を使用した蛍光灯器具である。」

	イ	ロ
1.	高周波	スタータ式
2.	高周波	電子
3.	低周波	スタータ式
4.	低周波	電子

解説

Hf 蛍光灯器具は，連続的に調光を行うことが出来る。

【重要問題 42】（照明器具の配光）

照明器具の配光に関する次の文章に該当する照明方式として，最も適当なものはどれか。

「下方への光束が多いので一般的に照明率はよいが，陰影が濃くまぶしさを与える。」

1. 直接照明
2. 全般拡散照明
3. 間接照明
4. 半間接照明

直接照明方式の説明である。

【関連問題】

照明方式に関する次の文章に該当する用語として，**最も適当なもの**はどれか。

「教室，事務室，工場などで，室全体をほぼ一様な照度になるように照明する方式」

1. 全般照明
2. 局部照明
3. 直接照明
4. 間接照明

解 説

全般照明の説明である。

【重要問題 43】（照明の省エネルギー対策）

一般事務室照明の省エネルギー対策に関する記述として，最も不適当なものはどれか。

1. 点滅区分を細分化して，こまめに点滅できるようにする。
2. 埋込下面開放器具に替えて，埋込下面カバー付器具を採用する。
3. 明るさセンサ（照度センサ）を設置し，照明の調光制御を行う。
4. ラピッドスタート式蛍光灯器具に替えて，Hf 蛍光灯器具を採用する。

解説

埋込下面カバー付器具にすると，光束が吸収されてしまうので，埋込下面開放器具よりも照度が小さくなってよりワット数の大きなランプが必要になりエネルギー対策にはならない。

【重要問題 44】（維持照度の推奨値）

事務所の基準面における維持照度の推奨値として，「日本産業規格（JIS）」の照明設計基準上，誤っているものはどれか。

1. 事務室　750 lx
2. 応接室　500 lx
3. 会議室　300 lx
4. 更衣室　200 lx

会議室は 500〔lx〕となっている。

【関連問題】

事務所の室等のうち，「日本産業規格(JIS)」の照明設計基準上，維持照度の推奨値が，最も低いものはどれか。

1. 事務室
2. 会議室
3. 電気室
4. 廊下

解説

事務室は 750〔lx〕，会議室は 500〔lx〕，食堂は 300〔lx〕，電気室，書庫及び洗面所は 200〔lx〕，廊下及び倉庫は 100〔lx〕となっている。

解答

【重要問題 41】 4　【関連問題】 2
【重要問題 42】 1　【関連問題】 1
【重要問題 43】 2
【重要問題 44】 3　【関連問題】 4

11．電力応用その3

（解答は P. 53）

《学習内容》

鉛蓄電池の特徴，アルカリ蓄電池，三相誘導電動機の始動法，三相誘導電動機の始動法，三相誘導電動機の特性，電気加熱方式の種類について学びます。

【重要問題 45】（鉛蓄電池の特徴）

据置鉛蓄電池に関する記述として，不適当なものはどれか。

1. 単電池の公称電圧は，2 V である。
2. 電解液に，水酸化カリウム水溶液を用いている。
3. 触媒栓は，充電時に水の分解で発生するガスを水に戻す栓である。
4. 極板の種類により，クラッド式とペースト式に分類される。

電解液には，希硫酸を用いている。

【関連問題 1】

据置鉛蓄電池に関する記述として，不適当なものはどれか。

1. 温度が高いほど，自己放電は大きくなる。
2. 放電すると，電解液の比重は上がる。
3. 制御弁式鉛蓄電池（MSE 形）は，電解液への補水が不要である。
4. 電解液は，希硫酸である。

解説

放電すると，電解液の比重は下がる。この他に電解液の温度が低いほど放電容量は小さくなる性質がある。

【関連問題 2】

蓄電池に関する記述として，不適当なものはどれか。

1. 据置ニッケル・カドミウムアルカリ蓄電池は，据置鉛蓄電池に比べて高率放電特性がよい。
2. 据置鉛蓄電池は，極板の種類によりクラッド式とペースト式に分類される。
3. 据置鉛蓄電池は，据置ニッケル・カドミウムアルカリ蓄電池に比べて低温特性がよい。

4. 制御弁式据置鉛蓄電池（MSE 形）は，通常の条件下では密閉状態である。

解 説

低温特性がよくない。

【重要問題 46】（アルカリ蓄電池）

アルカリ蓄電池に関する記述として，不適当なものはどれか。

1. 一般に，正極にニッケル酸化物，負極にカドミウムを用いるものが多い。
2. 単電池（セル）当たりの公称電圧は 1.2 V である。
3. 過放電により，電極に白色化が起こりやすい。
4. 電解液には，水酸化カリウムを主体とする水溶液が用いられる。

過放電時に，電極が白色化（サルフェーション）するのは鉛蓄電池の現象である。

【重要問題 47】（三相誘導電動機の始動法）

三相誘導電動機の始動法として，不適当なものはどれか。

1. 全電圧始動法　　2. スターデルタ始動法
3. 始動補償器法　　4. コンデンサ始動法

コンデンサ始動法は単相電動機の始動法である。三相誘導電動機の始動法として，この他にリアクトル始動法及びコンドルファ始動法などがあり，単相電動機の始動法はこの他にくま取りコイルによる始動などがある。

【重要問題 48】（三相誘導電動機の特性 1）

三相誘導電動機の特性に関する記述として，不適当なものはどれか。

1. 滑りが減少すると，回転速度は遅くなる。
2. 周波数を高くすると，回転速度は速くなる。

3. 極数が少ないと，回転速度は速くなる。
4. 負荷増加すると，回転速度は遅くなる。

滑りが減少する（負荷が減少する）と，回転速度は速くなる。つまり，回転速度は，無負荷時より全負荷時のほうが遅い。

【重要問題 49】（三相誘導電動機の特性 2）

三相誘導電動機に関する記述として，不適当なものはどれか。

1. 電気的制動の方法として，発電制動や回生制動などがある。
2. 巻線形誘導電動機は，二次側に可変抵抗器を接続することで始動トルクを大きくできる。
3. かご形誘導電動機は，巻線形誘導電動機に比べて構造が簡単で堅ろうである。
4. 全負荷時に比べ，無負荷時は滑りが大きくなる。

全負荷時に比べ，無負荷時は滑りが小さくなる。

【関連問題 1】

三担誘導電動機に関する記述として，不適当なものはどれか。

1. かご形電動機は，巻線形電動機に比べ構造が簡単で堅ろうである。
2. かご形電動機の始動方法として，分相始動がある。
3. 巻線形電動機の制動方法として，発電制動がある。
4. 巻線形電動機は，抵抗を接続して始動トルクを大きくできる。

解 説

分相始動は単相誘導電動機の始動法である。三相かご形誘導電動機の始動方法として，次のようなものがある。

(1) 電源電圧を加えて始動する全電圧（直接）始動法。
(2) 始動時と運転時の固定子巻線の結線をYと△に変えるY－△始動法。
(3) 始動補償器による始動法。
(4) 電動機の一次側にリアクトルあるいは抵抗器を接続し始動する方法。

【関連問題２】

三相誘導電動機に関する記述として，不適当なものはどれか。

1. かご形誘導電動機は，構造が簡単で堅ろうである。
2. 巻線形誘導電動機には，スリップリングがある。
3. かご形誘導電動機の始動方法として，反発始動がある。
4. 巻線形誘導電動機の制動方法として，発電制動がある。

解説

反発始動は単相誘導電動機の始動法である。

【重要問題 50】（電気加熱方式の種類）

電気加熱方式に関する記述として，不適当なものはどれか。

1. 抵抗加熱は，ジュール熱を利用する。
2. アーク加熱は，電極間に生ずる放電を利用する。
3. 赤外線加熱は，赤外放射エネルギーを利用する。
4. 誘電加熱は，渦電流損とヒステリシス損を利用する。

渦電流損とヒステリシス損を利用するものは，誘導加熱である。誘電加熱は，交番電界中におかれた誘電体の誘電体損を利用した加熱方法である。

解答

【重要問題 45】 2　【関連問題１】 2　【関連問題２】 3
【重要問題 46】 3
【重要問題 47】 4
【重要問題 48】 1
【重要問題 49】 4　【関連問題１】 2　【関連問題２】 3
【重要問題 50】 4

第2章 電気設備

学習のポイント

電気設備は，電気を作る設備から始まって電気を消費するまでの一連の過程を学びます。非常に広い学習範囲なので自分の得意分野を速く見つけて重点的に学習することが効果的といえます。すべての項目を学習するのではなく，最初の学習で不得意科目はあえて学習しないで得意な科目にしぼって学習する方が時間的に有利でしょう。（参考過去問：19問出題，うち10問選択・解答）

なお，電気設備の計算問題も，第二次検定の必須問題として出題されています。第二次検定対策用として，計算問題は十分に学習してください。

1．発電設備その1

（解答はP.58）

《学習内容》

水車形式と動作原理，水車発電機の特徴，ダムの種類，水力発電所の発電機出力，揚水式発電所の特徴について学びます。

【重要問題51】（水車形式と動作原理）

水力発電に用いられる水車において，水車形式と動作原理による分類の組合せとして，不適当なものはどれか。

	水車形式	水車動作原理による分類
1.	ペルトン水車	衝動水車
2.	プロペラ水車	衝動水車
3.	デリア水車	反動水車
4.	フランシス水車	反動水車

プロペラ水車は反動水車である。斜流水車も反動水車に分類される。

【重要問題52】（水車発電機の特徴）

水力発電所に用いられる水車発電機に関する記述として，不適当なものはどれか。

1. 回転子には，一般に突極形のものが使用されている。
2. 回転速度は，蒸気タービン発電機より遅い。
3. 立軸形は，横軸形に比べて小容量の高速機に適している。
4. 立軸形には，スラスト軸受が設置されている。

立軸形は，横軸形に比べて小容量の低速機に適している。

【重要問題 53】（ダムの種類）

発電用に用いられる次の文章に該当するダムの名称として，適当なものはどれか。

「コンクリートで築造され，水圧などの外力を主に両岸の岩盤で支える構造で，両岸の幅が狭く岩盤が強固な場所に造られる。」

1. アースダム
2. アーチダム
3. バットレスダム
4. ロックフィルダム

アーチダムの説明である。この他に重力ダムなどがある。

【重要問題 54】（水力発電所の発電機出力）

水力発電所の発電機出力を求める式として，正しいものはどれか。ただし，各記号は次のとおりとする。

水力発電所の出力 P〔kW〕，水車に流入する水の流量 Q〔m^3/s〕，有効落差 H〔m〕，総合効率 η

1. $P=9.8\,QH\eta$〔kW〕
2. $P=9.8\,Q^2H\eta$〔kW〕
3. $P=9.8\,QH^2\eta$〔kW〕
4. $P=9.8\,Q^2H^2\eta$〔kW〕

解説

この公式はよく出るので，確実に覚えて下さい。

なお，揚水量 Q_P〔m^3/s〕，総揚程 H_P〔m〕，総合効率 η_P とすれば必要な揚水動力 P〔kW〕は，

$$P=\frac{9.8\,Q_PH_P}{\eta_P}$$

である。

【重要問題 55】（揚水式発電所の特徴）

揚水式発電所に関する記述として，不適当なものはどれか。

1. 電力需要が少ない深夜や休日などに，火力や原子力などの余剰電力を用いて揚水し，需要の多い昼間などに，その水を利用して発電を行う。
2. 負荷変動への追従性のよさから，系統の周波数調整の役割も担っている。
3. 流れ込み式水力発電所に比べて，設置場所の選定は河川の流量に制約される。
4. 建設コスト低減のため，上部調整池と下部調整池を結ぶ水路は出来るだけ短く，かつ高落差が得られる地点を選定する。

一旦上部調整池に貯水してしまうと発電後河川に放流せず下部調整池に貯水するので，設置場所の選定は河川の流量に制約されないので比較的選定が自由である。一般に電力系統においては，原子力発電所や大容量の火力発電所にベース負荷を分担させ，調整池式発電所や揚水式発電所などにピーク負荷を分担させる。

解答

【重要問題 51】 2
【重要問題 52】 3
【重要問題 53】 2
【重要問題 54】 1
【重要問題 55】 3

2．発電設備その2

（解答は P. 61）

《学習内容》

強制循環ボイラの構造，汽力発電の熱サイクル，汽力発電所の熱効率の向上対策，火力発電所の大気汚染の軽減対策について学びます。

【重要問題 56】（強制循環ボイラの構造）

図に示す汽力発電の強制循環ボイラにおいて，アとイの名称の組合せとして，適当なものはどれか。

	ア	イ
1.	給水ポンプ	過熱器
2.	給水ポンプ	節炭器
3.	循環ポンプ	過熱器
4.	循環ポンプ	節炭器

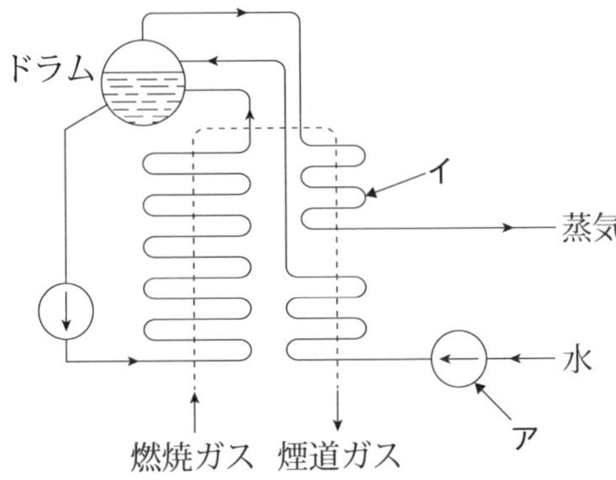

解説

給水ポンプから出ている管が節炭器で燃焼ガスにより給水を暖める。ドラムから出ている管に直接接続されているのが循環ポンプである。過熱器はボイラで発生した飽和水蒸気を所定の条件の蒸気まで過熱する機器である。

【重要問題 57】（汽力発電の熱サイクル）

図に示す汽力発電の熱サイクルにおいて，アとイの名称の組合せとして，適当なものはどれか。

ア	イ
過熱器	復水器
過熱器	節炭器
再熱器	復水器
再熱器	節炭器

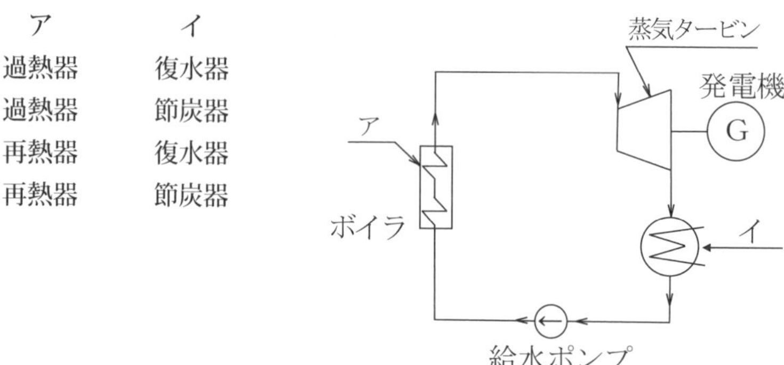

再熱器はタービンから蒸気を抽出して蒸気を再加熱するもので蒸気の経路が違う。復水器は，蒸気タービンで仕事をした蒸気を，その排気端において冷却凝縮し，水として回収する機器である。

【関連問題】

汽力発電所に設置される機器として，関係のないものはどれか。

1. 蒸気ドラム　　2. サージタンク　　3. 過熱器　　4. 集じん器

解説

サージタンクは水力発電で用いられるもので，集じん器は燃焼ガスのすすを取り除くための機器である。

【重要問題 58】（汽力発電所の熱効率の向上対策）

汽力発電所の熱効率の向上対策として，不適当なものはどれか。

1. 高圧タービンの出口の蒸気を加熱して低圧タービンで使用する。
2. 復水器の内部圧力を高くする。
3. 抽気した蒸気でボイラへの給水を加熱する。
4. ボイラの燃焼用空気を排ガスで予熱する。

復水器の内部圧力を低くする（復水器の真空度を高くする）。

【関連問題】

汽力発電所の熱効率向上対策として，不適当なものはどれか。

1. 再生サイクルを採用する。
2. 再熱サイクルを採用する。
3. タービン入口の蒸気温度を低くする。
4. ボイラの燃焼用空気を排ガスで予熱する。

解 説

タービン入口の蒸気温度を高くする。

【重要問題 59】（火力発電所の大気汚染の軽減対策）

火力発電所の燃焼ガスによる大気汚染を軽減するために用いられる装置として，不適当なものはどれか。

1. 脱硫装置
2. 脱硝装置
3. 微粉炭機
4. 電気集じん器

微粉炭機は石炭を微粉状態にして燃焼効率を上げるもので大気汚染とは直接関係がない。

解答

【重要問題 56】 1
【重要問題 57】 1　【関連問題】 2
【重要問題 58】 2　【関連問題】 3
【重要問題 59】 3

3．変電設備その1

（解答は P. 64）

《学習内容》

変電所の機能，変電所の母線結線方式，変圧器の冷却方式，油入変圧器の騒音，油入変圧器の内部異常保護について学びます。

【重要問題 60】（変電所の機能）

変電所の機能に関する記述として，最も不適当なものはどれか。

1. 事故が発生した送配電線を電力系統から切り離す。
2. 送配電系統の切換えを行い，電力の流れを調整する。
3. 送配電系統の無効電力の調整を行う。
4. 送配電系統の周波数が一定になるように制御する。

送配電系統の周波数の調整は周波数調整用発電所が行う。この他の機能（役割）として，送配電電圧の昇圧または降圧を行う。

【重要問題 61】（変電所の母線結線方式）

変電所の母線結線方式のうち，単母線に関する記述として，**最も不適当なもの**はどれか。

1. 所要機器が少ない。
2. 最も単純な母線方式である。
3. 大規模の変電所に採用される。
4. 母線側の断路器の点検時に全停電となる。

母線側の断路器の点検時に全停電となるので，小規模の変電所に採用される。

【重要問題 62】（変圧器の冷却方式）

変圧器の冷却方式に関する次の文章に該当するものとして，**適当なもの**はどれか。

「変圧器内部の絶縁油の自然対流によって鉄心及び巻線に発生した熱を外箱

に伝え，外箱からの放射と空気の自然対流によって熱を外気に放散させる。」

1. 油入自冷式
2. 油入風冷式
3. 送油自冷式
4. 送油風冷式

油入自冷式の記述である。

【重要問題 63】（油入変圧器の騒音）

変電所の油入変圧器の騒音に関する記述として，不適当なものはどれか。

1. 変圧器の騒音には，電磁力で巻線に生じる振動による通電騒音がある。
2. 変圧器の騒音には，磁気ひずみなどで鉄心に生じる振動による励磁騒音がある。
3. 鉄心に高配向性けい素鋼板を使用することは，騒音対策に有効である。
4. 鉄心の磁束密度を高くすることは，騒音対策に有効である。

鉄心の磁束密度を高くすることは，騒音が大きくなって逆効果である。送油風冷式冷却器の騒音は，冷却ファンによるものが主要因である。また，変圧器本体の下に防振ゴムを敷くことは，騒音対策に有効である。

【重要問題 64】（油入変圧器の内部異常保護）

油入変圧器の内部異常時に，発生するガスによる内圧の上昇の検出や異常圧力を緩和する装置として，最も不適当なものはどれか。

1. ブッフホルツ継電器
2. 放圧装置
3. 衝撃圧力継電器
4. ダイヤル形温度継電器

ダイヤル形温度継電器は変圧器の温度を監視するもので，発生するガスによる内圧の上昇の検出や異常圧力を緩和する装置ではない。

【関連問題 1】

油入変圧器の異常時の機械的保護装置として，不適当なものはどれか。

1. 衝撃圧力継電器
2. ブッフホルツ継電器
3. 比率差動継電器
4. ガス検出継電器

解 説

比率差動継電器は電気的保護装置である。

【関連問題 2】 **第二次検定としての出題例**

図に示す配電線路の変圧器の一次電流 I_1〔A〕の値として，正しいものはどれか。ただし，負荷はすべて抵抗負荷であり，変圧器と配電線路の損失及び変圧器の励磁電流は無視する。

1. 2.5 A
2. 3.5 A
3. 5.0 A
4. 7.5 A

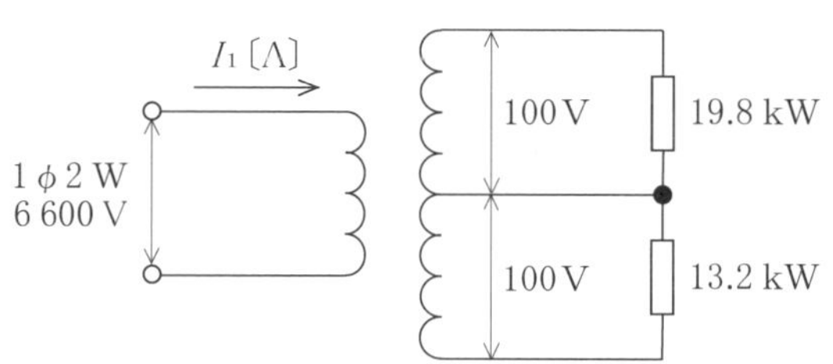

解 説

一次側の電力と二次側の電力は等しいので次のようになる。

$$6600\,I_1 = 19800 + 13200 = 33000 \text{〔W〕}$$

$$I_1 = \frac{33000}{6600} = 5.0 \text{〔A〕}$$

解答

【重要問題 60】 4

【重要問題 61】 3

【重要問題 62】 1

【重要問題 63】 4

【重要問題 64】 4　　【関連問題 1】 3　　【関連問題 2】 3

4．変電設備その2

（解答は P. 67）

《学習内容》

分路リアクトル，屋外変電所の雷害対策について学びます。

【重要問題 65】（分路リアクトル）

変電所に用いる分路リアクトルに関する次の記述のうち，[　　] に当てはまる語句の組合せとして，適当なものはどれか。

「分路リアクトルは，深夜の軽負荷時に誘導性の負荷が少なくなったとき，長距離送電線やケーブル系統の [ア] 電流を打ち消し，受電端の電圧 [イ] を抑制するために用いる。」

	ア	イ
1.	進　相	上　昇
2.	進　相	降　下
3.	遅　相	上　昇
4.	遅　相	降　下

解説

分路リアクトルは負荷側に進相コンデンサとは逆の効果を及ぼす。軽負荷時に生じるフェランチ効果（負荷側の電圧上昇）を抑制する。

【関連問題】

調相設備に関する次の文章中，[　　] に当てはまる語句の組合せとして，適当なものはどれか。

「調相設備は，[イ] を制御することによって送電線損失を軽減し，これにより送電容量の確保と系統の [ロ] 変動の抑制を図るために設置される。」

	イ	ロ
1.	無効電力	電圧
2.	無効電力	電流
3.	有効電力	電圧
4.	有効電力	電流

解説

この場合の調相設備は進相コンデンサを想定しているが，一般に調相設備とは進相コンデンサ，分路リアクトル及び同期調相機などをいう。いずれにしても無効電力を調整することによって電圧をコントロールするものである。

【重要問題 66】（屋外変電所の雷害対策）

屋外変電所の雷害対策に関する記述として，最も不適当なものはどれか。

1. 変電所の接地に，メッシュ方式を採用する。
2. 屋外鉄橋の上部に，架空地線を設ける。
3. 避雷器の接地は，C 種接地工事とする。
4. 避雷器を架空電線の電路の引込口及び引出口に設ける。

電気設備の技術基準とその解釈に，高圧及び特別高圧の電路に施設する避雷器には，A 種接地工事を施すことが規定されている。

【関連問題 1】

屋外変電設備の耐雷対策に関する記述として，不適当なものはどれか。

1. 避雷器は，できる限り保護される機器の近くに設置する。
2. 変電所への直撃雷から機器を保護するために，屋外鉄構の上部に架空地線を設ける。
3. 機器の接地抵抗値は，なるべく低くする。
4. 過電圧継電器を設置する。

解説

過電圧継電器は，フェランチ効果による電圧上昇などのように，設定値を超える電圧が回路に加わった場合に動作する継電器である。設定値を超えた過電圧から機器を保護する。雷害のような衝撃電圧の保護には適用できない。

【関連問題２】

送電系統に設置される次の機器類のうち衝撃放電電圧を，最も低く設定しなければならないものはどれか。

1. 避　雷　器
2. 線路がいし
3. アークホーン
4. 変　圧　器

解説

避雷器は，異常電圧が変電所に侵入した場合に他の機器の衝撃放電電圧よりも最も低い電圧で放電し，それより内側に接地されている他の機器に大きなサージ電圧が加わらないように保護するものである。

【関連問題３】

変電所に設置されている機器に関する記述として，最も不適当なものはどれか。

1. 変圧器の冷却方式には，自冷式や風冷式などがある。
2. 調相設備は，系統の無効電力を調整するために用いられる。
3. 計器用の変流器は，高電圧を低圧に変換するために用いられる。
4. 避雷器は，非直線抵抗特性に優れた酸化亜鉛形のものが多く使用されている。

解説

計器用の変流器は，大電流を小電流に変換するために用いられる。

解答

【重要問題65】 1　【関連問題】 1

【重要問題66】 3　【関連問題１】 4　【関連問題２】 1

【関連問題３】 3

5．送配電設備その1

（解答はP. 70）

《学習内容》

架空送電線路の機材，ねん架の目的，架空送電線路の塩害対策，電線のたるみの近似値，架空送電線に発生する現象について学びます。

【重要問題 67】（架空送電線路の機材）

架空送電線路に関する次の記述に該当する機材の名称として，適当なものはどれか。

「電線の振動による素線切れや事故電流による溶断を防止するため，懸垂クランプ付近の電線の外周に巻き付けて補強する。」

1. ダンパ
2. スペーサ
3. アーマロッド
4. スパイラルロッド

解説

アーマロッドの記述である。ダンパは電線におもりを取り付けて風による振動を吸収する。スパイラルロッドは，電線に巻き付けることで電線表面の風の流れを乱し，風騒音の発生を抑制する。

【関連問題】

架空送電線路に関する次の文章に該当する機材として，適当なものはどれか。

「多導体では，短絡電流による電磁吸引力や強風により電線相互が接近や接触することを防止するため，電線相互の間隔を保持する目的で取り付ける。」

1. ダンパ
2. スペーサ
3. クランプ
4. シールドリング

解説

スペーサの記述である。シールドリングは，懸垂がいし連の負担電圧分布の均等化やコロナ放電の抑制のために用いられる。

【重要問題 68】（ねん架の目的）

架空送電線路のねん架の目的として，適当なものはどれか。

1. 電線の振動エネルギーを吸収する。
2. 雷の異常電圧から電線を保護する。
3. 電線の使用量を節約する。
4. 各相の作用インダクタンス，作用静電容量を平衡させる。

電線の振動エネルギーを吸収するものは，ダンパ等である。雷の異常電圧から電線を保護するものは架空地線である。同じ電流であれば単導体よりも多導体にすれば電線の使用量を節約することが出来る。

【重要問題 69】（架空送電線路の塩害対策）

架空送電線路の塩害対策に関する記述として，不適当なものはどれか。

1. 懸垂がいしの連結個数を増加する。
2. がいしに懸垂クランプを取り付ける。
3. 長幹がいしやスモッグがいしを採用する。
4. がいしにシリコンコンパウンドを塗布する。

懸垂クランプは電線の振動対策である。塩害対策とは関係がない。活線洗浄や停電洗浄によって，がいしを洗浄するのも有効である。

【重要問題 70】（電線のたるみの近似値）

架空送電線の電線のたるみの近似値 D〔m〕を求める式として，正しいものはどれか。ただし，電線支持点の高低差はないものとする。

S ：径間〔m〕

T ：電線の水平張力〔N〕

W ：電線の単位長さ当たりの重量〔N/m〕

1. $D=\dfrac{WS^2}{3T}$〔m〕

2. $D=\dfrac{SW^2}{3T}$ 〔m〕

3. $D=\dfrac{WS^2}{8T}$ 〔m〕

4. $D=\dfrac{SW^2}{8T}$ 〔m〕

よく出てくる式なので確実に覚えておこう。

【重要問題 71】（架空送電線に発生する現象）

架空送電線に発生する現象として，**最も不適当なもの**はどれか。

1. ギャロッピング
2. コロナ振動
3. 水トリー
4. サブスパン振動

水トリーはケーブルで発生するので，地中送電線での現象である。

ギャロッピングは，送電線に雪や氷が付着して重くなっている状態で，強風などにあおられ，送電線が大きく揺れること。

コロナ振動は，電線に付着した雨などの水滴がコロナ放電によってはじかれ，その反動で電線が振動すること。

サブスパン振動は，スペーサとスペーサの間（サブスパン）で強風による振動が生じること。

いずれもがいしなどの付属器具類や電線の疲労破壊，停電などの障害が生じるおそれがある。

解答

【重要問題 67】 3　【関連問題】 2

【重要問題 68】 4

【重要問題 69】 2

【重要問題 70】 3

【重要問題 71】 3

6. 送配電設備その2

（解答はＰ. 73）

《学習内容》

がいしの種類，コロナ放電の抑制対策，電磁誘導障害の軽減対策について学びます。

【重要問題 72】（がいしの種類）

図に示す，架空送電線路等に用いられるがいしの名称として，適当なものはどれか。

1. 懸垂がいし
2. 長幹がいし
3. ピンがいし
4. ラインポストがいし

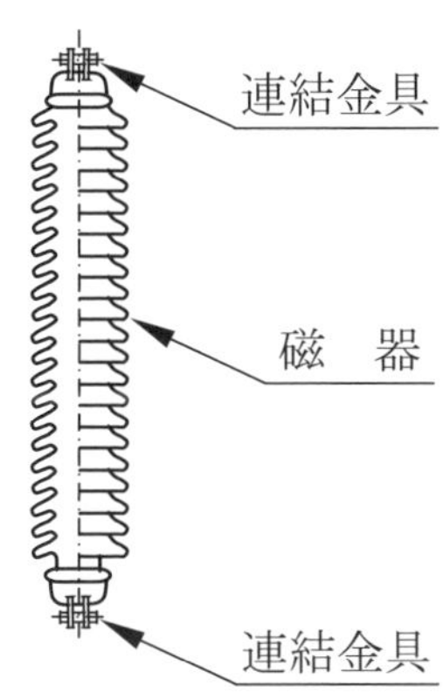

長幹がいしとラインポストがいしは形状が似ているが，長幹がいしには連結金具が両端にあるので区別がつく。ラインポストがいしは，鉄構や床面に直立固定する構造で，電線を磁器体頭部の溝にバインド線で結束して使用される。スモッグがいしは煙害対策用などに使用される。

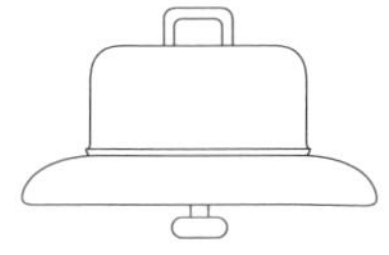

懸垂がいし

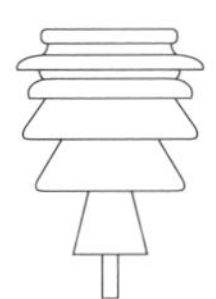

ピンがいし

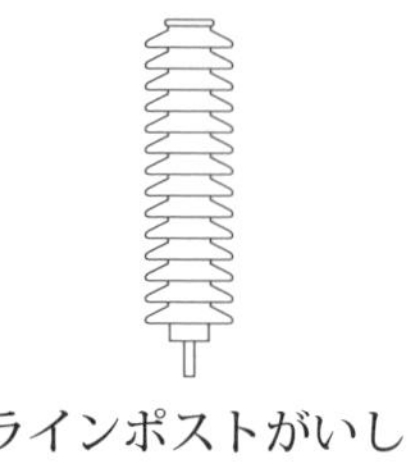

ラインポストがいし

スモッググがいし

【重要問題 73】（コロナ放電の抑制対策）

架空送電線路におけるコロナ放電の抑制対策として，関係のないものはどれか。

1. 電線のねん架を行う。
2. 外径の大きい電線を用いる。
3. がいし装置に遮へい環を設ける。
4. 架線時に電線を傷つけないようにする。

ねん架によって常時中性点に現れる残留電圧を減少させることができる。コロナ放電とは関係がない。

【関連問題】

架空送電線路におけるコロナに関する記述として，最も不適当なものはどれか。

1. 電力損失が発生する。
2. コロナ騒音が発生する。
3. 送電電圧が高い方が発生しやすい。
4. 単導体より多導体の方が発生しやすい。

解 説

電線の見かけの直径が大きくなると電線表面の電位の傾きが小さくなってコロナが発生し難くなる。この他にラジオ受信障害が発生したり，雨天時より晴天時のほうが発生しやすい傾向がある。

【重要問題 74】（電磁誘導障害の軽減対策）

架空送電線により通信線に発生する電磁誘導障害の軽減対策として，最も不適当なものはどれか。

1. 送電線をねん架する。
2. 通信線に遮へい層付ケーブルを使用する。
3. 架空地線に導電率のよい材料を使用する。
4. 送電線の中性点の接地抵抗値を低くする。

解説

送電線の中性点の接地抵抗値を低くすると地絡電流が大きくなって電磁誘導障害の元となる。この他の対策としては，故障送電線を，迅速，確実に遮断する，送電線と通信線の離隔距離を大きくする，送電線と通信線の間に遮へい線を設けるなどがある。

【関連問題】

架空送電線が通信線に及ぼす電磁誘導障害を軽減するための対策として，最も不適当なものはどれか。

1. 故障回線を迅速に遮断する。
2. 送電線と通信線の離隔距離を大きくする。
3. 架空地線に抵抗率の低い材料を使用する。
4. 中性点接地方式として直接接地方式を採用する。

解説

直接接地方式を採用すると地絡電流が大きくなって電磁誘導障害が生じやすくなる。

解答

【重要問題 72】 2
【重要問題 73】 1 【関連問題】 4
【重要問題 74】 4 【関連問題】 4

7．送配電設備その3

（解答は P. 76）

《学習内容》

架空送電線路に発生する現象，電力ケーブルの電力損失，電力ケーブルの絶縁劣化の測定，単相2線式と比較した三相3線式の特徴，配電系統の電圧調整について学びます。

【重要問題 75】（架空送電線路に発生する現象）

架空送電線路に発生する現象として，関係のないものはどれか。

1. フェージング
2. コロナ放電
3. ギャロッピング
4. サブスパン振動

解説

フェージングは電波の伝搬時に生じる現象で到達電波の時間差によって電波が干渉し合って電波レベルが変動する現象である。

【重要問題 76】（電力ケーブルの電力損失）

地中送電線路における電力ケーブルの電力損失として，不適当なものはどれか。

1. 抵抗損
2. 誘電損
3. シース損
4. コロナ損

解説

コロナ損は架空送電線に発生するものである。

【重要問題 77】（電力ケーブルの絶縁劣化の測定）

地中電線路における電力ケーブルの絶縁劣化の状態を測定する方法とし

て，不適当なものはどれか。

1. 誘電正接測定
2. シース損測定
3. 絶縁抵抗測定
4. 直流漏れ電流測定

シース損測定は絶縁劣化の状態を測定する方法として適当ではない。シース損はケーブルの許容電流の算定のために測定される。

第2章 電気設備

【重要問題 78】（単相２線式と比較した三相３線式の特徴）

配電系統における電気方式のうち，単相２線式と比較した三相３線式の特徴として，最も不適当なものはどれか。ただし，線間電圧，力率及び送電距離は同一とし，材質と太さが同じ電線を用いるものとする。

1. 電線１条当たりの送電電力は大きくなる。
2. 送電電力が等しい場合には，送電損失が大きくなる。
3. 回転磁界が容易に得られ，電動機の使用に適している。
4. ３相分を合計した送電電力の瞬時値は一定になる。

送電電力が等しい場合には，送電損失が小さくなる。

【関連問題】

屋内配線の電気方式として用いられる中性点を接地した単相３線式 100/200 V に関する記述として，不適当なものはどれか。

1. 使用電圧が 200 V であっても，対地電圧は 100 V である。
2. 同一の負荷に供給する場合，単相２線式 100 V に比べて電圧降下が小さくなるが，電力損失は大きくなる。
3. 中性線と各電圧線の間に接続する負荷容量の差は大きくならないようにする。
4. ３極が同時に遮断される場合を除き，中性線には過電流遮断器を設けない。

解説

電力損失も小さくなるのが特徴である。

【重要問題 79】（配電系統の電圧調整）

配電系統の電圧調整に関する記述として，最も不適当なものはどれか。

1. 負荷時タップ切替変圧器による変電所の送出電圧の調整
2. 分路リアクトルにより系統の遅れ力率を改善することによる電圧の調整
3. ステップ式自動電圧調整器（SVR）による線路電圧の調整
4. 静止形無効電力補償装置（SVC）を用いた無効電力の供給による電圧の調整

分路リアクトルにより系統の進み力率を改善して電圧の上昇の調整をする。

【関連問題】

配電系統の電圧調整の方法に関する記述として，不適当なものはどれか。

1. 自動又は手動による変電所送出電圧の調整
2. バランサを用いた無効電力の供給による電圧調整
3. ステップ式自動電圧調整器（SVR）による線路電圧調整
4. 静止形無効電力補償装置（SVC）を用いた無効電力の供給による電圧調整

解 説

バランサは電流のアンバランスを調整するもので系統の電圧調整には用いられない。

解答

【重要問題 75】 1

【重要問題 76】 4

【重要問題 77】 2

【重要問題 78】 2　【関連問題】 2

【重要問題 79】 2　【関連問題】 2

8．送配電設備その4

（解答はP. 79）

《学習内容》

配電系統の電圧調整，日負荷率，単相2線式配電線路の電圧降下，高圧配電線路の種類について学びます。

【重要問題80】（配電系統の電圧調整）

配電系統の電力損失に関する記述として，**不適当なもの**はどれか。

1. 変圧器の鉄損は，負荷電流の2乗に比例する。
2. 電力ケーブルの抵抗損は，線路電流の2乗に比例する。
3. 電力ケーブルの損失には，抵抗損のほかに誘電損やシース損がある。
4. 変圧器の銅損は，巻線の抵抗損である。

変圧器の鉄損は，供給電圧の2乗に比例する。

【重要問題81】（日負荷率）

図に示す日負荷曲線の日負荷率として，**適当なもの**はどれか。

1. 40%
2. 60%
3. 80%
4. 100%

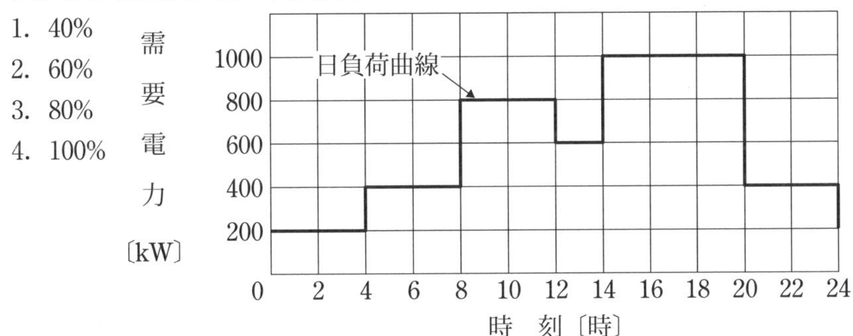

日平均需要電力は問題の図より，

日平均需要電力＝（200 kW×4 h＋400 kW×4 h＋800 kW×4 h＋600 kW×2 h＋1000 kW×6 h＋400 kW×4 h）÷24

$=14400\ \mathrm{kW\cdot h} \div 24\ \mathrm{h} = 600$〔kW〕

となるので，最大需要電力が1000 kWなので，日負荷率は，

$$日負荷率=\frac{平均需用電力}{最大需用電力}\times 100=\frac{600}{1000}\times 100=60〔\%〕$$

である。この他に次のようなものが定義されている。

$$不等率=\frac{各負荷の最大需要電力の和〔kW〕}{合成最大需要電力〔kW〕}\times 100\%$$

$$需要率=\frac{最大需用電力〔kW〕}{負荷設備容量〔kW〕}\times 100\%$$

【重要問題 82】（単相2線式配電線路の電圧降下）

図に示す単相線式配電線路の送電端電圧 V_s〔V〕と受電端電圧 V_r〔V〕の間の電圧降下 v〔V〕を表す簡略式として，正しいものはどれか。

ただし，R：1線当たりの抵抗〔Ω〕　X：1線当たりのリアクタンス〔Ω〕
$\cos\theta$：負荷の力率　$\sin\theta$：負荷の無効率　I：線電流

1. $v=2I\ (R\cos\theta+X\sin\theta)$〔V〕
2. $v=2I\ (X\cos\theta+R\sin\theta)$〔V〕
3. $v=I\ \ (R\cos\theta+X\sin\theta)$〔V〕
4. $v=I\ \ (X\cos\theta+R\sin\theta)$〔V〕

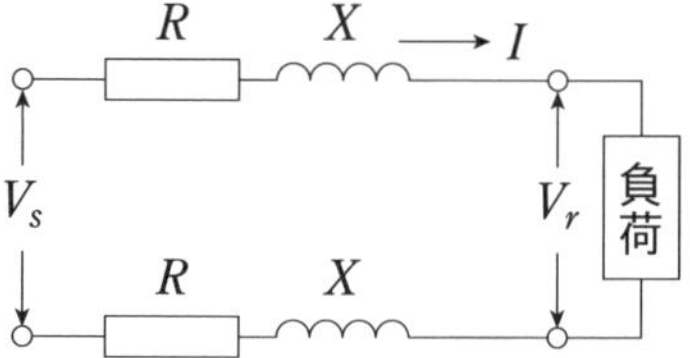

この公式もよく出るので，確実に覚えて下さい。

ちなみに，三相3線式配電線路の電圧降下は次のようになる。

$V_s=V_r+\sqrt{3}\,I\ (R\cos\theta+X\sin\theta)$〔V〕

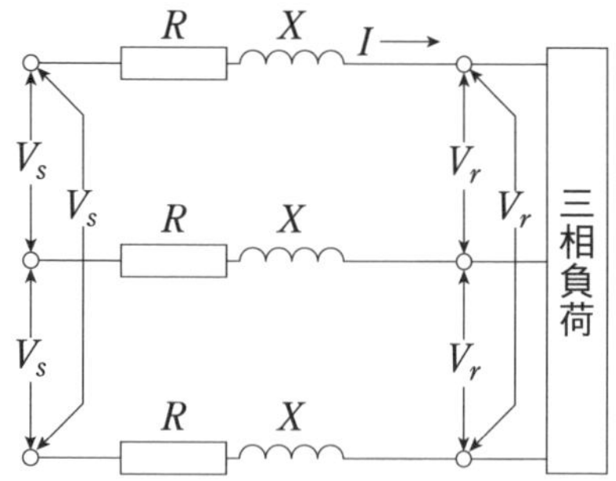

【重要問題 83】（高圧配電線路の種類）

高圧配電線路に関する記述として，最も不適当なものはどれか。

1. 樹枝状方式は，負荷の分布に応じて木の枝のように分岐線を出す方式である。
2. 樹枝状方式は，隣接する配電線との間に常時開の連絡用開閉器を設置することが多い。
3. ループ方式は，幹線を環状にして結合開閉器を置き，電力を2方向から供給する方式である。
4. ループ方式は，負荷密度の低い地域に多く用いられる。

ループ方式は，負荷密度の高い地域に多く用いられる。

解答

【重要問題 80】 1
【重要問題 81】 2
【重要問題 82】 1
【重要問題 83】 4

第2章 電気設備

9．送配電設備その5

（解答は P. 82）

《学習内容》

高圧電路に使用する機器，架空配電線路の保護に用いられる機器，過電流遮断器の施設，配電線路に用いられる電線，高圧配電線路の中性点接地方式について学びます。

【重要問題 84】（高圧電路に使用する機器）

高圧電路に使用する機器に関する記述として，不適当なものはどれか。

1. 高圧断路器（DS）は，負荷電流を開閉できる。
2. 高圧交流負荷開閉器（LBS）は，負荷電流を開閉できる。
3. 高圧限流ヒューズ（PF）は，短絡電流を遮断できる。
4. 高圧交流真空遮断器（VCB）は，短絡電流を遮断できる。

高圧断路器（DS）は，負荷電流を開閉できない。無負荷の回路を開閉する。

【関連問題】

高圧電路に使用する機器に関する記述として，不適当なものはどれか。

1. 柱上に用いる気中負荷開閉器（PAS）は，短絡電流を遮断できる。
2. 屋内用高圧断路器（DS）は，無負荷時の回路の開閉に用いられる。
3. 高圧交流遮断器（CB）は，負荷電流を開閉できる。
4. 高圧交流真空電磁接触器（VMC）は，開閉頻度の多い回路に用いられる。

解 説

気中負荷開閉器（PAS）は，短絡電流を開閉できない。負荷電流のみである。

【重要問題 85】（架空配電線路の保護に用いられる機器）

架空配電線路の保護に用いられる機器又は装置として，不適当なものはどれか。

1. 遮断器
2. 放電クランプ

3. 線路用電圧調整器
4. 電線ヒューズ（ケッチヒューズ）

線路用電圧調整器は電圧の調整用に用られるので保護とは関係がない。

【重要問題 86】（過電流遮断器の施設）

配電系統における過電流遮断器の施設に関する記述として，最も不適当なものはどれか。

1. 高圧の過電流遮断器は，その作動に伴いその開閉状態を表示する装置を有するもの又はその開閉状態を容易に確認できるものでなければならない。
2. 低圧の電路中において，機械器具及び電線を保護するために必要な箇所には，過電流遮断器を施設することか望ましい。
3. 高圧電路に短絡を生じたときに作動する過電流遮断器は，これを施設する箇所を通過する短絡電流を遮断する能力を有するものでなければならない。
4. 電路の一部に接地工事を施した低圧架空電線の接地側電線には，過電流遮断器を施設しなければならない。

「電気設備の技術基準とその解釈」により，接地側電線には，過電流遮断器を施設してはならない。

【重要問題 87】（配電線路に用いられる電線）

配電線路に用いられる電線（記号）と主な用途の組合せとして，最も不適当なものはどれか。

	電線（記号）	主な用途
1.	PDC	高圧引下用
2.	OW	低圧架空配電用
3.	OC	高圧架空配電用
4.	DV	高圧架空引込用

第2章 電気設備

DV は主に 600 V 以下の架空引込用に用いられる。

【重要問題 88】（高圧配電線路の中性点接地方式）

高圧配電線路で最も多く採用されている中性点接地方式として，適当なものはどれか。

1. 非接地方式
2. 直接接地方式
3. 抵抗接地方式
4. 消弧リアクトル接地方式

非接地方式以外は 66 kV 以上の高電圧電路に用いられる。

解答

【重要問題 84】 1　【関連問題】 1
【重要問題 85】 3
【重要問題 86】 4
【重要問題 87】 4
【重要問題 88】 1

10. 構内電気設備その1

（解答はP. 86）

《学習内容》

低圧屋内幹線の許容電流，分岐幹線の許容電流，絶縁抵抗値，コンセントの極配置について学びます。

【重要問題 89】（低圧屋内幹線の許容電流）

電動機のみに電源を供給する低圧屋内幹線に接続する電動機の定格電流の合計と，その幹線の許容電流の組合せとして，「電気設備の技術基準とその解釈」上，**不適当なもの**はどれか。

	電動機の定格電流の合計	幹線の許容電流
1.	40 A	50 A
2.	50 A	60 A
3.	60 A	70 A
4.	70 A	80 A

解説

その幹線に接続する電動機の定格電流の合計が50 A以下の場合は，その定格電流の合計の1.25倍，50 Aを超える場合は，その1.1倍以上とすることが規定されているので，次のようになる。

1. 50 A÷40 A＝1.25（1.25倍以上あればよいので適当）
2. 60 A÷50 A＝1.2 （1.25倍以上必要なので不適当）
3. 70 A÷60 A＝1.17（1.1倍以上あればよいので適当）
4. 80 A÷70 A＝1.14（1.1倍以上あればよいので適当）

【重要問題 90】（分岐幹線の許容電流）

図に示す低圧屋内幹線の分岐点から10 mの箇所に過電流遮断器を設ける場合，分岐幹線の許容電流の最小値として，「電気設備の技術基準とその解釈」上，適当なものはどれか。

1. 70 A
2. 90 A
3. 110 A
4. 130 A

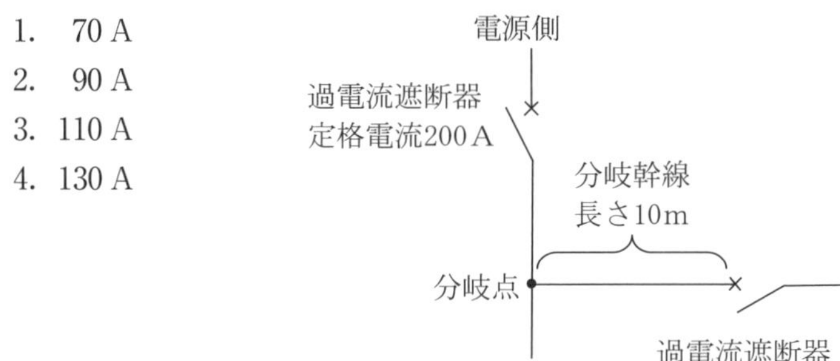

解説

分岐点から8 mを超える箇所に施設しているので，電線の許容電流が過電流遮断器の定格電流の55% 以上必要である。過電流遮断器の定格電流が200 Aなので，

200×0.55＝110 A

となる。

【関連問題】

図に示す低圧屋内幹線の分岐点から５ｍの箇所に過電流遮断器を設ける場合，分岐幹線の許容電流の最小値として，「電気設備の技術基準とその解釈」上，適当なものはどれか。

1. 50 A
2. 70 A
3. 90 A
4. 110 A

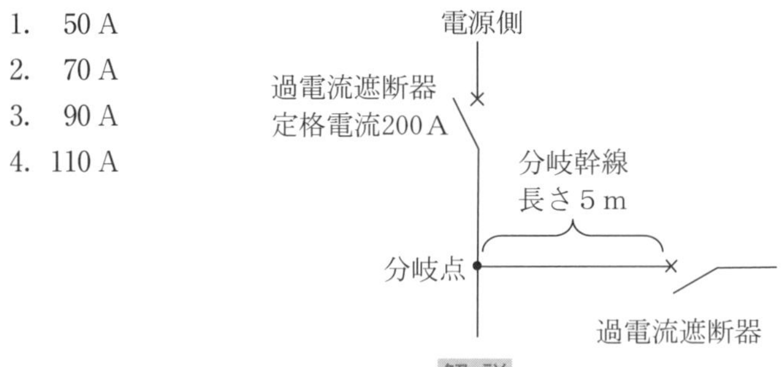

解説

分岐点から8 m以下の箇所に施設しているので，電線の許容電流が過電流遮断器の定格電流の35% 以上必要である。過電流遮断器の定格電流が200 Aなので，

200×0.35＝70 A

となる。

【重要問題 91】（絶縁抵抗値）

電気使用場所において，三相誘導電動機が接続されている使用電圧 400 V の電路と大地との間の絶縁抵抗値として，「電気設備の技術基準とその解釈」上，**定められているもの**はどれか。

1. 0.1 MΩ以上
2. 0.2 MΩ以上
3. 0.3 MΩ以上
4. 0.4 MΩ以上

400 V 回路なので，0.4 MΩ以上あれば良い。低圧電路の絶縁抵抗値は次表のようになる。

電路の使用電圧の区分		絶縁抵抗値
300 V 以下	対地電圧が 150 V 以下の場合	0.1 MΩ
	150 V を超え 300 V 以下のもの	0.2 MΩ
300 V を超えるもの		0.4 MΩ

【重要問題 92】（コンセントの極配置）

単相 200 V 回路に使用する定格電流 15 A のコンセントの極配置として，「日本産業規格（JIS）」上，適当なものはどれか。

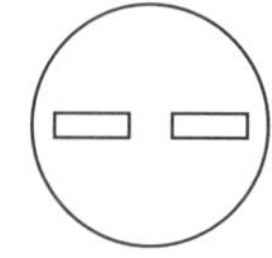
2.
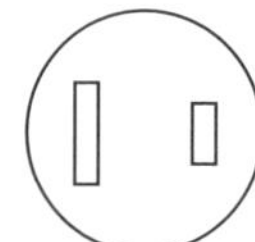
3.
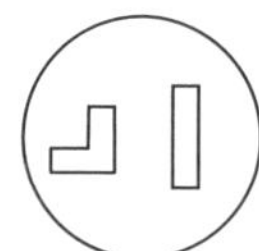
4.
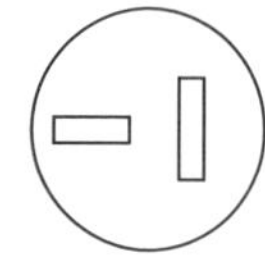

代表的なコンセントの極配置は次表のようになる。

	単相 100 V・15 A	単相 200 V・15 A	三相 200 V・15 A
一般用		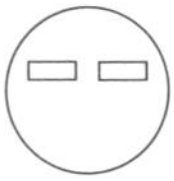	
接地極付	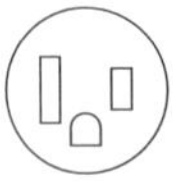	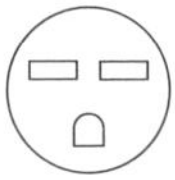	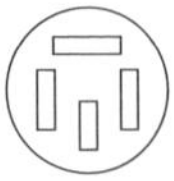

選択肢 3 は 100 V・20 A，選択肢 4 は 200 V・20 A 回路用のものである。

【関連問題】

単相 100 V 回路に使用する定格電流 15 A の接地極付引掛形コンセントの極配置として，「日本産業規格(JIS)」上，適当なものはどれか。

1. 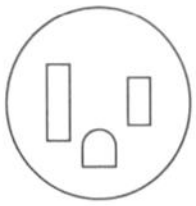　2. 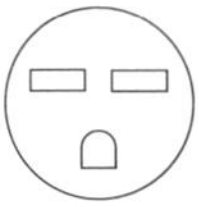　3. 　4.

解説

選択肢 1 及び 2 は表より異なることが分かる。選択肢 4 は三相 200 V・20 A 回路の接地極付引掛形コンセントの極配置である。

解答

【重要問題 89】 2

【重要問題 90】 3　【関連問題】 2

【重要問題 91】 4

【重要問題 92】 1　【関連問題】 3

11. 構内電気設備その2

（解答は P. 89）

《学習内容》

低圧動力設備等，低圧幹線の電圧降下，接地工事について学びます。

【重要問題 93】（低圧動力設備等）

屋内に施設する電動機の過負荷保護を目的に設置する保護装置として，不適当なものはどれか。ただし，0.2 kW 以下のものを除く。

1. 電磁開閉器（電磁接触器とサーマルリレーを組合せたもの）
2. 電動機用ヒューズ（タイムラグヒューズ）
3. 電動機保護用配線用遮断器
4. 不足電圧継電器

不足電圧継電器は，電源停電時又は負荷の電圧が規定電圧に満たなくなった場合に動作する継電器であり，過負荷保護が目的ではない。

また，上記のほか三相誘導電動機の保護継電器として3Eリレーがあるが，その保護目的は，反相保護，欠相保護及び過負荷保護である（出題例あり）。

【関連問題】

三相誘導電動機に用いる低圧進相用コンデンサに関する記述として，「内線規程」上，不適当なものはどれか。ただし，低圧進相用コンデンサは，個々の電動機の回路ごとに取り付けるものとする。

1. 電動機と並列に接続された低圧進相用コンデンサに至る電路に開閉器を設ける。
2. 低圧進相用コンデンサは，放電抵抗器付のものを使用する。
3. 低圧進相用コンデンサは，手元開閉器よりも電動機側に接続する。
4. 低圧進相用コンデンサの容量は，電動機の無効分より大きくしない。

解説

低圧進相用コンデンサに至る電路に開閉器を設けてはならない。また，カバー付ナイフスイッチを手元開閉器として用いることはできない。

【重要問題 94】（低圧幹線の電圧降下）

電気使用場所内の変圧器より供給される場合の低圧幹線の電圧降下として，「内線規程」上定められているものはどれか。ただし，変圧器の二次側端子から最遠端の負荷までのこう長は 60 m 以下とする。

1. 2% 以下
2. 3% 以下
3. 4% 以下
4. 5% 以下

幹線及び分岐幹線の電圧降下は 2% 以下であるが，変圧器の二次側端子から最遠端の負荷までのこう長が 60 m 以下の幹線及び分岐幹線から供給されている電路の電圧降下は 3% 以下である。

【重要問題 95】（接地工事）

接地工事に関する記述として，最も不適当なものはどれか。

1. 接地端子箱は，測定しやすい場所に設ける。
2. 接地極の埋設は，土壌の抵抗率の低い場所を選定する。
3. 接地極の埋設位置がわかるように，建物の外壁等に接地極埋設標を設ける。
4. 接地線には，素線間の毛細管現象による浸水を防止するために，躯体の中でリングスリーブを用いた接続箇所を設ける。

躯体の中で水切りスリーブを用いた接続箇所を設ける。

【関連問題 1】

D 種接地工事を施す箇所として，「電気設備の技術基準とその解釈」上，不適当なものはどれか。

1. 管灯回路の使用電圧が 300 V 以下の蛍光灯安定器の外箱
2. 高圧電路と低圧電路とを結合する変圧器の低圧側の中性点
3. 可搬型の溶接電極を使用するアーク溶接装置の金属製の定盤
4. 対地電圧が 150 V 以下のフロアヒーティングに使用する電熱シートの金属被覆

解 説

高圧電路と低圧電路とを結合する変圧器の低圧側の中性点には B 種接地工事を施す。

【関連問題 2】

接地に関する記述として「電気設備の技術基準とその解釈」上，不適当なものはどれか。

1. 低圧電路に 0.5 秒以内に遮断する漏電遮断器を設けたので，D 種接地工事の抵抗値は 500Ω以下とした。
2. C 種接地工事の抵抗値を 10Ω以下とした。
3. ポンプ室に施設する 400 V 用電動機の鉄台に，D 種接地工事を施した。
4. 6.6 kV のケーブルを布設したケーブルラックに，A 種接地工事を施した。

解 説

400 V 用電動機の鉄台は，C 種接地工事とする。

解答

【重要問題 93】 4　【関連問題】 1

【重要問題 94】 2

【重要問題 95】 4　【関連問題 1】 2　【関連問題 2】 3

12. 構内電気設備その3

（解答は P. 94）

《学習内容》

断路器，高圧限流ヒューズの特徴，A 種接地工事の施工，高圧ケーブルの太さを選定する際の検討項目，計器用変成器の取り扱い，変圧器の開閉装置，高圧受電設備の保護協調について学びます。

【重要問題 96】（断路器）

高圧受電設備に使用する断路器に関する記述として，最も不適当なものはどれか。

1. 垂直面に取り付ける場合は，横向きに取り付けない。
2. 高圧進相コンデンサの開閉装置として使用する。
3. 受電用の断路器は，負荷電流が通じているときは開路できない。
4. 縦に取り付ける場合は，切替断路器を除き，接触子（刃受）を上部とする。

断路器は負荷電流が通じているときは開路できない。高圧進相コンデンサの開閉装置としては高圧交流負荷開閉器等を使用する。ブレード（断路刃）は，開路したときに充電しないよう負荷側とする。

【重要問題 97】（高圧限流ヒューズの特徴）

高圧交流遮断器と比較した高圧限流ヒューズの特徴に関する記述として，不適当なものはどれか。

1. 小形で遮断電流が大きなものができる。
2. 小電流範囲の遮断に適している。
3. 短絡電流を高速度遮断できる。
4. 限流効果が大きい。

小電流範囲の遮断が苦手であるが，保守が簡単である。

【関連問題】

高圧受電設備に用いられる高圧限流ヒューズの種類として，「日本産業規格（JIS）」上，誤っているものはどれか。

1. G（一般用）
2. T（変圧器用）
3. P（電動機用）
4. C（コンデンサ用）

解説

電動機用は M である。

【重要問題 98】（A 種接地工事の施工）

人が触れるおそれがある場所で単独に A 種接地工事の接地極及び接地線を施設する場合の記述として，「電気設備の技術基準とその解釈」上，不適当なものはどれか。ただし，発電所又は変電所，開閉所若しくはこれらに準ずる場所に施設する場合，及び移動して使用する電気機械器具の金属製外箱等に接地工事を施す場合を除くものとする。

1. 接地抵抗値は，10Ω以下とする。
2. 接地極は，地下 75 cm 以上の深さに埋設する。
3. 接地極は，避雷針用地線を施設してある支持物に施設しない。
4. 接地線の地表立ち上げ部分は，堅ろうな金属管で保護する。

解説

接地線の地下 75 cm から地表上 2 m までの部分は，電気用品安全法の適用を受ける合成樹脂管（厚さ 2 mm 未満の合成樹脂製電線管及び CD 管を除く）又はこれと同等以上の絶縁耐力及び強さのあるもので覆うことになっている。

【重要問題 99】（高圧ケーブルの太さを選定する際の検討項目）

高圧電路に使用される高圧ケーブルの太さを選定する際の検討項目として，最も関係のないものはどれか。

1. 負荷容量

2. 短絡電流
3. 地絡電流
4. ケーブルの許容電流

地絡電流は短絡電流よりかなり小さいので，検討項目ではない。

【重要問題 100】（計器用変成器の取り扱い）

計器用変成器の取り扱いに関する次の文章中，[　　　] に当てはまる語句の組合せとして，適当なものはどれか。

「計器用変圧器は，一次側に電圧をかけた状態で二次側を [　イ　] してはならず，変流器は，一次側に電流が流れている状態で二次側を [　ロ　] してはならない。」

	イ	ロ
1.	開　放	開　放
2.	開　放	短　絡
3.	短　絡	開　放
4.	短　絡	短　絡

解説

計器用変圧器 VT は，一次側に電圧をかけた状態で二次側を短絡すると過大な電流が流れて VT が焼損するおそれがある。また，変流器 CT は，一次側に電流が流れている状態で二次側を開放すると異常電圧が発生して CT が焼損するおそれがある。VT の定格二次電圧は，110 V で，CT の定格二次電流は，1 A 又は 5 A である。

【重要問題 101】（変圧器の開閉装置）

高圧受電設備の変圧器 100 kV·A の一次側に設ける開閉装置として，「高圧受電設備規程」上，不適当なものはどれか。

1. 高圧交流遮断器（CB）
2. 高圧交流負荷開閉器（LBS）

3. 高圧交流真空電磁接触器（VMC）

4. 高圧カットアウト（PC）

高圧交流真空電磁接触器（VMC）は規程されていない。高圧カットアウト（PC）は 300 kV・A 以下の変圧器の開閉装置として使用出来る。

【関連問題 1】

高圧受電設備の用語の定義として，「高圧受電設備規程」上，不適当なものはどれか。

1. 主遮断装置とは，受電設備の受電用遮断装置として用いられるもので，電路に過負荷，短絡事故などが生じたときに，自動的に電路を遮断する能力をもつものをいう。
2. 受電設備容量とは，受電電圧で使用する変圧器，電動機などの機器容量の合計をいい，高圧進相コンデンサも含む。
3. 短絡電流とは，電路の線間がインピーダンスの少ない状態で接触を生じたことにより，その部分を通じて流れる電流をいう。
4. 地絡電流とは，地絡によって電路の外部に流出し，電路，機器の損傷など事故を引き起こすおそれのある電流をいう。

解 説

高圧進相コンデンサは含めないと規程されている。

【関連問題 2】

高圧受電設備の変圧器の過負荷保護に関する記述として，不適当なものはどれか。

1. 変圧器の一次側にリアクトルを取り付ける。
2. 変圧器に警報接点付ダイヤル温度計を取り付ける。
3. 変圧器の一次側に変流器を設け，過電流継電器を取り付ける。
4. 変圧器の二次側に変流器を設け，サーマルリレーを取り付ける。

解 説

電力用コンデンサの一次側にリアクトルを取り付ける。

【重要問題 102】（高圧受電設備の保護協調）

高圧受電設備の保護協調又は絶縁協調に関する記述として，最も不適当なものはどれか。

1. 過電流継電器の動作時間の整定は，負荷側に近いほど長く設定する。
2. 地絡遮断装置は，負荷側の高圧電路における対地静電容量が大きい場合，地絡方向継電装置を使用する。
3. 避雷器は，雷サージ（誘導雷）に対し，電路を構成する機器の絶縁強度に見合った制限電圧のものを使用する。
4. 主遮断装置は，配電用変電所の保護装置と動作協調をはかる。

過電流継電器の動作時間は負荷に近いほど短くし，電源側に行くほど長くする。これは負荷側の事故の影響を電源側に与えないための協調である。

解答

【重要問題 96】 2
【重要問題 97】 2　【関連問題】 3
【重要問題 98】 4
【重要問題 99】 3
【重要問題 100】 3
【重要問題 101】 3　【関連問題 1】 2　【関連問題 2】 1
【重要問題 102】 1

13. 構内電気設備その4

（解答はP. 98）

《学習内容》

キュービクル式高圧受電設備の自主検査，キュービクル式高圧受電設備の特徴，キュービクル式高圧受電設備の主遮断装置，地中電線路の施設，電力ケーブルの絶縁耐力試験，高圧受電設備の低圧側の短絡電流の算定，建築物等の外部雷保護システムについて学びます。

【重要問題 103】（キュービクル式高圧受電設備の自主検査）

キュービクル式高圧受電設備の設置後，受電前に行う自主検査として，一般的に行われないものはどれか。

1. 保護装置試験
2. 温度上昇試験
3. 絶縁耐力試験
4. 絶縁抵抗試験

温度上昇試験は工場で行われる。この他に接地抵抗測定，絶縁抵抗測定，インターロック試験及びシーケンス試験などが行われる。

【重要問題 104】（キュービクル式高圧受電設備の特徴）

開放形高圧受電設備と比較したキュービクル式高圧受電設備に関する記述として，最も不適当なものはどれか。

1. 設置面積を小さくできる。
2. 変圧器の増設や更新が容易である。
3. 設置場所における据付や配線の作業量が削減できる。
4. 接地した金属箱内に充電部や機器などが収納され感電の危険性が少ない。

解説

キュービクルのスペースが限られているので変圧器などの大型機器の更新は容易ではない。

【重要問題 105】（キュービクル式高圧受電設備の主遮断装置）

キュービクル式高圧受電設備に関する記述として，「日本産業規格（JIS）」上，誤っているものはどれか。

1. CB形の主遮断装置は，高圧交流遮断器と過電流継電器を組み合わせたものとする。
2. CB形の高圧主回路においては，変流器と過電流継電器を組み合わせたもので過電流を検出する。
3. PF・S形の主遮断装置は，高圧カットアウトと限流ヒューズを組み合わせたものとする。
4. PF・S形においては，必要に応じ零相変流器と地絡継電器を組み合わせたもので地絡電流を検出する。

PF・S形の主遮断装置は，高圧交流負荷開閉器と高圧限流ヒューズを組み合わせる。

【重要問題 106】（地中電線路の施設）

地中電線路に関する記述として，「電気設備の技術基準とその解釈」上，不適当なものはどれか。

1. 地中箱は車両その他の重量物の圧力に耐える構造とした。
2. 暗きょ式で施設した地中電線に耐燃措置を施した。
3. 管路式で施設した電線に耐熱ビニル電線（HIV）を使用した。
4. 直接埋設式のケーブルは，衝撃から防護するように施設した。

電線はケーブルを使用することになっている。

【関連問題】

需要場所に施設する地中電線路に関する記述として，「電気設備の技術基準とその解釈」上，不適当なものはどれか。ただし，地中電線路の長さは，15 m を超えるものとする。

1. 低圧地中電線と高圧地中電線との離隔距離を 15 cm 以上，確保して施設した。

2. 管路式の高圧地中電線路には，電圧の表示を省略した埋設表示シートを施設した。
3. ハンドホール内のケーブルを支持する金物類には，D 種接地工事を施さなかった。
4. 低圧地中電線と地中弱電電線との離隔距離を 30 cm 以上確保して施設した。

解 説

地中電線路の長さが 15 m を超えるものには，物件の名称，管理者及び電圧を表示することになっている。

【重要問題 107】（電力ケーブルの絶縁耐力試験）

高圧の交流電路における電力ケーブルの絶縁耐力試験に関する記述として，**不適当なもの**はどれか。

1. 電路の絶縁性能を判定することができる。
2. 交流を用いる場合の試験電圧は，直流を用いる場合の試験電圧よりも高い。
3. 試験電圧が交流の場合，ケーブルに充電される無効電力が大きくなるので，補償リアクトルを用いる。
4. 試験電圧が直流の場合，交流に比べて試験用電源の容量が小さい。

解説

直流を用いて絶縁耐力試験をする場合の規定は，電線にケーブルを使用する交流の電路においては，交流試験電圧の 2 倍の直流電圧を電路と大地との間に連続して 10 分間加えることとなっている。

【重要問題 108】（高圧受電設備の低圧側の短絡電流の算定）

高圧受電設備の低圧側の短絡電流計算に，**関係のないもの**はどれか。

1. 電線の長さ
2. 電線の太さ
3. 変圧器容量
4. 分岐回路数

交流回路の短絡電流はインピーダンスにより制限されるが，低圧回路ではリアクタンス成分は小さく抵抗が短絡電流に大きく影響する。インピーダンスは，使用する電線の種類，太さ，長さ，電線の配置，施工方法により変化する。インピーダンスにより，短絡電流は変化するが，分岐回路数は関係がない。

【重要問題 109】（建築物等の外部雷保護システム）

建築物等の外部雷保護システムに関する用語として，「日本産業規格（JIS）」上，関係のないものはどれか。

1. 回転球体法
2. 保護レベル
3. 開閉サージ
4. 水平導体

開閉サージは変電所などの遮断器を開閉したときに発生するもので建築物等の雷保護とは関係がない。

解答

【重要問題 103】 2
【重要問題 104】 2
【重要問題 105】 3
【重要問題 106】 3 【関連問題】 2
【重要問題 107】 2
【重要問題 108】 4
【重要問題 109】 3

14. 構内電気設備その5

（解答はP. 102）

《学習内容》

煙感知器の設置場所，差動式スポット型感知器の設置場所，厨房に設ける自動火災報知設備の感知器，感知器の動作原理，自動火災報知設備のP型1級発信機，自動火災報知設備の地区音響装置の施設，自動火災報知設備の設置が必要な防火対象物について学びます。

【重要問題 110】（煙感知器の設置場所）

自動火災報知設備を設置する事務所ビルにおいて，煙感知器を設ける場所として，「消防法」上，不適当なものはどれか。ただし，感知器の取付面の高さは4m未満とする。

1. 廊下　　2. 会議室　　3. 電算機室　　4. 地下駐車場

煙感知器は，排気ガスが多量に滞留する場所には設置出来ない。

【重要問題 111】（差動式スポット型感知器の設置場所）

自動火災報知設備の差動式スポット型感知器の設置場所として，「消防法」上，不適当なものはどれか。ただし，感知器の取付面の高さは4m未満とする。

1. 休憩室　　2. 会議室　　3. ボイラー室　　4. 自家発電室

差動式スポット型感知器は，著しく高温となる場合は設置出来ない。

【重要問題 112】（厨房に設ける自動火災報知設備の感知器）

厨房に設ける自動火災報知設備の感知器として，「消防法」上，適当なものはどれか。

1. 差動式スポット型感知器　　2. 差動式分布型感知器
3. 補償式スポット型感知器　　4. 定温式スポット型感知器

厨房などの煙が常時滞留する場所には，定温式スポット型感知器とアナログ式スポット型感知器以外は設置出来ない。

【重要問題 113】（感知器の動作原理）

自動火災報知設備に関する次の記述に該当する感知器として，「消防法」上，適当なものはどれか。

「周囲の温度の上昇率が一定の率以上になったときに火災信号を発信するもの」

1. 定温式スポット型感知器
2. 差動式スポット型感知器
3. 赤外線式スポット型感知器
4. 光電式スポット型感知器

定温式スポット型感知器は，一局所の周囲の温度が一定の温度以上になったときに，赤外線式スポット型感知器は，炎から放射される赤外線の変化が一定の量以上になったときに，光電式スポット型感知器は，周囲の空気が一定の濃度以上の煙を含むに至ったときに火災信号を発信するものである。

【重要問題 114】（自動火災報知設備のＰ型１級発信機）

自動火災報知設備のＰ型１級発信機に関する記述として，「消防法」上，定められていないものはどれか。

1. 各階ごとに，その階の各部分から一の発信機までの歩行距離が 25 m 以下となるように設けること。
2. 床面からの高さか 0.8 m 以上 1.5 m 以下の箇所に設けること。
3. 発信機の直近の箇所に赤色の表示灯を設けること。
4. 押しボタンスイッチの保護板は，透明の有機ガラスを用いること。

歩行距離が 50 m 以下となるように設けることが定められている。

【関連問題】

自動火災報知設備のＰ型２級受信機に関する記述として，「消防法」上，誤っているものはどれか。

1. 赤色の火災灯を設けないことができる。
2. 発信機との間で電話連絡をする機能が必要である。
3. 接続することができる回線の数は５以下である。
4. 接続することができる回線の数が１のものは，予備電源を設けないことができる。

解 説

Ｐ型２級受信機には，発信機との間で電話連絡をする機能は必要ない。

【重要問題 115】（自動火災報知設備の地区音響装置の施設）

自動火災報知設備の地区音響装置に関する記述として，「消防法」上，誤っているものはどれか。ただし，装置を設置する建物は，小規模特定用途複合防火対象物ではないものとする。

1. 主要部の外箱の材料は，不燃性又は難燃性のものとする。
2. 公称音圧は，音響により警報を発する音響装置にあっては 90 dB 以上とする。
3. 各階ごとに，その階の各部分から一の地区音響装置までの水平距離は 25 m 以下とする。
4. 受信機から地区音響装置までの配線は，600 V ビニル絶縁電線（IV）を使用する。

600 V２種ビニル絶縁電線（HIV）又はこれと同等のものを使用する。

【関連問題】

自動火災報知設備の配線に関する記述として，「消防法」上，誤っているものはどれか。

1. Ｐ型１級受信機に接続する感知器の信号回路は送り配線とし，回路の末端に終端器を設けた。
2. 感知器回路の配線相互の間の絶縁抵抗が 50 MΩであったので，良好と判断した。

3. P型1級受信機に接続する感知器回路の配線の共通線は，1本につき7警戒区域以下とした。
4. 感知器の信号回路の電線と，通路誘導灯の電源回路の電線とを同一の管の中に配線した。

解 説

自動火災報知設備の配線は，その他の電線とは同一の管等に設けてはならないことになっている。

【重要問題 116】（自動火災報知設備の設置が必要な防火対象物）

自動火災報知設備の設置が必要な防火対象物として，「消防法」上，定められているものはどれか。ただし，防火対象物は，延べ面積 300 m^2，地上2階建てとし，各階とも無窓階でないものとする。

1. 飲食店
2. 教会
3. 工場
4. 倉庫

解説

飲食店が定められている。

解答

【重要問題 110】 4
【重要問題 111】 3
【重要問題 112】 4
【重要問題 113】 2
【重要問題 114】 1 【関連問題】 2
【重要問題 115】 4 【関連問題】 4
【重要問題 116】 1

15．構内電気設備その6

（解答はP. 105）

《学習内容》

非常警報設備の施設，誘導灯の施設，非常用の照明装置の予備電源の施設について学びます。

【重要問題 117】（非常警報設備の施設）

非常警報設備に関する次の記述のうち，［　　］に当てはまる語句として，「消防法」上，定められているものはどれか。

「非常ベル又は自動式サイレンの音響装置は，各階ごとに，その階の各部分から一の音響装置までの水平距離が［　　］以下となるように設ける。」

1. 15 m
2. 25 m
3. 30 m
4. 50 m

25 m 以下となるように設けることが定められいる。

【関連問題 1】

防火対象物に設置する非常ベルに関する記述として，「消防法」上，誤っているものはどれか。ただし，防火対象物には自動火災報知設備が設置されていないものとする。

1. 非常ベルは，避難設備である。
2. 非常ベルの設置は，防火対象物の区分や収容人員などにより決められる。
3. 非常ベルには，非常電源を附置しなければならない。
4. 非常ベルの起動装置の直近の箇所に，赤色の表示灯を設けなければならない。

解説

非常ベルは，警報設備である。

第2章 電気設備

【関連問題２】

非常警報設備に関する次の文章中，［　　　］に当てはまる歩行距離として，「消防法」上，定められているものはどれか。

「非常警報設備の起動装置は，各階ごとに，その階の各部分から一の起動装置までの歩行距離が［　　　］以下となるように設けること。」

1. 15 m　　2. 25 m　　3. 30 m　　4. 50 m

解説

50 m 以下となるように設けることが定められいる。

【重要問題 118】（誘導灯の施設）

誘導灯に関する記述として，「消防法」上，誤っているものはどれか。

1. 誘導灯には，非常電源を附置する。
2. 電源の開閉器には，誘導灯用のものである旨を表示する。
3. 屋内の直通階段の踊場に設けるものは，避難口誘導灯とする。
4. 誘導灯に設ける点滅機能は，自動火災報知設備の感知器の作動と連動して起動する。

避難口誘導灯は，屋内の直通階段の踊場は規定されていない。直通階段の踊場に設けるのは通路誘導灯である。

【関連問題】

避難口誘導灯を A 級又は B 級のもの（表示面の明るさが 20 cd 以上のもの又は点滅機能を有するもの）としなければならない防火対象物として，「消防法」上，定められているものはどれか。ただし，防火対象物は，複合用途ではないものとする。

1. 図書館　　2. 美術館　　3. 工場　　4. 地下街

解説

地下街が定められている。

【重要問題 119】（非常用の照明装置の予備電源の施設）

非常用の照明装置に設ける予備電源が，充電を行うことなく継続して点灯させることができる時間として，「建築基準法」上，定められているものはどれか。

1. 10分間
2. 20分間
3. 30分間
4. 60分間

30分間と定められている。

解答

【重要問題 117】 2　【関連問題 1】 1　【関連問題 2】 4
【重要問題 118】 3　【関連問題】 4
【重要問題 119】 3

16．構内電気設備その７

（解答は P. 109）

《学習内容》

テレビ共同受信設備，高周波同軸ケーブル，テレビ共同受信設備の総合損失，構内情報通信網（LAN），インターホン，建物の入退室管理設備，拡声設備について学びます。

【重要問題 120】（テレビ共同受信設備）

テレビ共同受信設備に用いる機器に関する記述として，不適当なものはどれか。

1. 分配器は，伝送された信号を均等に分配する機器である。
2. 直列ユニットは，分岐機能を有し，テレビ受信機を接続する端子を持つ機器である。
3. 分岐器は，混合された異なる周波数帯域別の信号を選別して取り出す機器である。
4. 混合器は，複数のアンテナで受信した信号を１本の伝送線にまとめる機器である。

解説

「分岐器」は，主信号から信号の一部を取り出す方向性結合器で，混合された異なる周波数帯域別の信号を選別して取り出す機器は，「分波器」である。

【重要問題 121】（高周波同軸ケーブル）

高周波同軸ケーブル（ポリエチレン絶縁編組形）の特性に関する次の記述の［　　］に当てはまる語句の組合せとして，適当なものはどれか。

「特性インピーダンスには，50Ωと［ア］があり，周波数が高いほど減衰量が［イ］。」

	ア	イ
1.	75Ω	大きい
2.	75Ω	小さい
3.	300Ω	大きい
4.	300Ω	小さい

周波数の平方根に比例して減衰量が大きくなる。

【重要問題 122】（テレビ共同受信設備の総合損失）

図に示すテレビ共同受信設備において，増幅器出口から末端 A の直列ユニットのテレビ受信機接続端子までの総合損失として，正しいものはどれか。ただし，同軸ケーブルの長さ及び各損失は次のとおりとする。

増幅器出口から末端 A までの同軸ケーブルの長さ：20 m

同軸ケーブルの損失：0.2 dB/m

分配器の分配損失：4.0 dB

直列ユニット単体の挿入損失：2.0 dB

直列ユニット単体の結合損失：12.0 dB

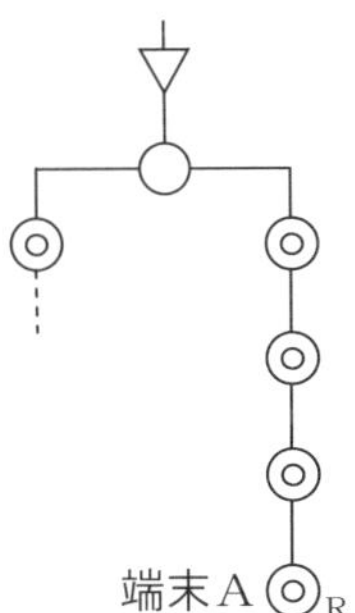

1. 24.0 dB
2. 26.0 dB
3. 28.0 dB
4. 30.0 dB

総合損失はすべての損失を加算すれば良い。同軸ケーブル損失は 20×0.2＝4〔dB〕，直列ユニットが 3 個あるので直列ユニットの損失は 2.0×3＝6〔dB〕となるので，総合損失は，4.0＋4.0＋6.0＋12.0＝26.0〔dB〕となる。

【重要問題 123】（構内情報通信網（LAN））

構内情報通信網（LAN）に関する次の記述に該当する機器として，最も適当なものはどれか。

「ネットワーク上を流れるデータを，IP アドレスによって他のネットワークに中継する装置」

1. ルータ
2. リピータハブ
3. スイッチングハブ

第2章 電気設備

4. メディアコンバータ

「ルータ」の説明である。「リピータ」は伝送信号を再生及び中継し，伝送距離を延長するもので，「リピータハブ」は複数のポートを持ったものである。「スイッチングハブ」は，MAC アドレスを読み取り，その端末が接続されているポートだけを相互接続する。「メディアコンバータ」は UTP ケーブルと光ファイバーケーブル間での信号の相互変換を主たる機能とする装置である。

【重要問題 124】（インターホン）

インターホンに関する記述として，「日本産業規格（JIS）」上，不適当なものはどれか。

1. 親子式は，親機と子機の間に通話網が構成される。
2. 相互式は，親機と親機の間に通話網が構成される。
3. 選局数は，同一の通話網で同時に別々の通話ができる数である。
4. 配線本数は，指定の通話網を構成する場合に必要な機器相互間の線路に用いる配線数である。

「選局数」は，個々の親機，子機の呼び出しが選択出来る相手数をいう。同一の通話網で同時に別々の通話ができる数は，「通話路数」である。

【重要問題 125】（建物の入退室管理設備）

建物の入退室管理設備に用いる機器として，**最も関係のないもの**はどれか。

1. 暗証番号入力装置
2. IC カードリーダ
3. ループコイル
4. 指紋照合装置

「ループコイル」は，駐車場管理システム等において，**車両を検出**するもので建物の入退室管理設備とは関係がない。

【重要問題 126】（拡声設備）

事務所ビルの全館放送に用いる拡声設備に関する記述として，**最も不適当なもの**はどれか。

1. 同一回線のスピーカは，直列に接続した。
2. 増幅器は，電力伝送損失が少ない定電圧方式とした。
3. 非常警報設備に用いるスピーカへの配線は，耐熱電線（HP）とした。
4. 一斉スイッチによる緊急放送を行うため，アッテネータには 3 線式で配線した。

スピーカを直列に接続すると 1 個のスピーカーの断線によりすべてのスピーカーから音が出なくなるので，同一回線のスピーカは，**並列に接続**する。

【重要問題 120】 3
【重要問題 121】 1
【重要問題 122】 2
【重要問題 123】 1
【重要問題 124】 3
【重要問題 125】 3
【重要問題 126】 1

17. 電車線

（解答は P. 113）

《学習内容》

電車線のちょう架方式，架空式の電車線路，トロリ線に要求される性能，電車線路設備，き電方式，曲線区間の施工，用語について学びます。

【重要問題 127】（電車線のちょう架方式）

高速運転で集電電流が大容量の区間に用いられる電車線のちょう架方式として，最も適当なものはどれか。

1. 直接ちょう架式
2. 剛体ちょう架式
3. ダブルメッセンジャ式
4. コンパウンドカテナリ式

コンパウンドカテナリ式が用いられる。

【重要問題 128】（架空式の電車線路）

電気鉄道の架空式の電車線路に関する記述として，最も不適当なものはどれか。

1. トロリ線には，円形溝付の断面形状のものが広く用いられている。
2. ハンガは，トロリ線とちょう架線を電気的に接続するために用いる金具である。
3. ちょう架線には，一般的に亜鉛めっき鋼より線が用いられている。
4. スプリング式バランサは，トロリ線の伸縮によって変化するトロリ線張力を一定に調整する装置である。

ハンガは，トロリ線をちょう架線に接続するために用いる金具である。

【重要問題 129】（トロリ線に要求される性能）

電車線路のトロリ線に要求される性能に関する記述として，不適当なものはどれか。

1. 抵抗率が高い。
2. 耐熱性に優れている。
3. 耐摩耗性に優れている。
4. 引張り強度が大きい。

解説

電流を流すのであるから**抵抗率が低い**ことが必要である。

【関連問題 1】

架空式電車線の特性に関する記述として，不適当なものはどれか。

1. トロリ線の接続点やき電分岐点の金具は局部的な硬点となり，パンタグラフが跳躍して離線を生じることがある。
2. パンタグラフとトロリ線の接触抵抗と停車中の補機電流により，トロリ線の温度上昇が生じることがある。
3. トロリ線の電気的磨耗は，集電電流の増大に伴い大きくなり，一般に力行区間に大きくあらわれる。
4. トロリ線の機械的磨耗は，パンタグラフの押し上げ圧力が小さく，すり板が硬いものほど大きくなる。

解説

トロリ線の機械的磨耗は，パンタグラフの押し上げ**圧力が大きく，すり板**が硬いものほど大きくなる。

【関連問題 2】

架空単線式の電車線の偏位に関する記述として，不適当なものはどれか。

1. 偏位とは，レール中心に対する電車線の左右への片寄りのことをいう。
2. 最大偏位量は，新幹線鉄道の方が普通鉄道よりも小さい。
3. レールの曲線区間では，電車線には必然的に偏位が発生する。
4. 偏位量は，風による電車線の揺れや走行状態での車両動揺などを考慮して規定している。

解説

最大偏位量は新幹線の方が大きい。

【重要問題 130】（電車線路設備）

電気鉄道の電車線路設備に関する記述として，最も不適当なものはどれか。

1. 線路の交差箇所では，パンタグラフ通過時にトロリ線相互が上下に離れないように振止金具を設置する。
2. トロリ線は，通電特性，機械強度特性，摩耗特性などの条件を満たす必要がある。
3. 鋼管柱・鉄柱は，同じ強度のコンクリート柱に比べて，軽量で耐震性が高い。
4. 区分装置は，事故や保守作業のときに電気的に系統区分ができるようにした絶縁装置である。

トロリ線相互が上下に離れないように交差金具を設置する。

【重要問題 131】（き電方式）

交流電気鉄道に採用されているき電方式の記述として，不適当なものはどれか。

1. BT き電方式は，吸上変圧器を使用する方式である。
2. AT き電方式は，単巻変圧器を使用する方式である。
3. 同軸ケーブルき電方式は，同軸電力ケーブルを使用する方式である。
4. 直接き電方式は，シリコンダイオード整流器を使用する方式である。

解説

シリコンダイオード整流器は，交流電力を直流電力に変換するために使用される。直接き電方式は，交流電力のまま吸上変圧器や単巻変圧器を介さないで直接き電するものである。

【重要問題 132】（曲線区間の施工）

鉄道線路の曲線区間において考慮しなければならない事項として，関係のないものはどれか。

1. 緩和曲線の挿入
2. 車止装置の設置
3. 軌間の拡大
4. 建築限界の拡大

車止装置は，車両の制動がうまくいかなかった場合車両を停止させるために線路の終端に用いる緊急用の車両止めであり，曲線区間とは関係がない。

【重要問題 133】（用語）

鉄道線路及び軌道構造に関する記述として，不適当なものはどれか。

1. バラスト軌道とは，道床に砂利や砕石を用いたものである。
2. 路盤とは，軌道を支えるための構造物で，土路盤やコンクリート路盤がある。
3. 新幹線の軌間は，狭軌である。
4. カントは，列車が曲線部を通過する際に，遠心力による転倒を防止するために付けられる。

解説

新幹線の軌間は，1.435 m で標準軌と呼ばれる。これよりも狭いものを狭軌，広いものを広軌という。

解答

【重要問題 127】 4
【重要問題 128】 2
【重要問題 129】 1　【関連問題 1】 4　【関連問題 2】 2
【重要問題 130】 1
【重要問題 131】 4
【重要問題 132】 2
【重要問題 133】 3

18．その他の設備

（解答はＰ．117）

《学習内容》

道路照明，ポール照明方式のオーバハング，道路トンネル照明，道路照明の用語について学びます。

【重要問題 134】（道路照明）

道路照明に関する記述として，最も不適当なものはどれか。

1. 灯具の千鳥配列は，道路の曲線部における適切な誘導効果を確保するのに適している。
2. 連続照明とは，原則として一定の間隔で灯具を配置して連続的に照明することをいう。
3. 局部照明とは，交差点やインターチェンジなど必要な箇所を局部的に照明することをいう。
4. 連続照明のない横断歩道部では，背景の路面を明るくして歩行者をシルエットとして視認する方式がある。

千鳥配列は，道路の曲線部に施工するのは不適である。曲線部に配列する道路照明は，向かい合わせ配列か片側配列で，片側配列の場合には，カーブの外縁に設置することが望ましい。

【重要問題 135】（ポール照明方式のオーバハング）

図に示す道路照明においてオーバハングを示すものとして，適当なものはどれか。

1. a
2. b
3. c
4. d

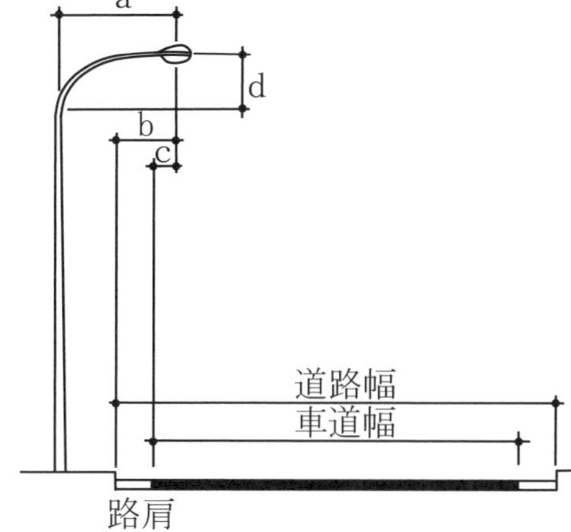

ポール照明方式のオーバハングとは，照明器具の光中心とそれに近い車道端との間の水平距離と定義されている。したがって c が適当なものである。連続照明のポール照明方式は道路の線形の変化に追従した灯具の配置が可能で誘導性が良い。

【重要問題 136】（道路トンネル照明）

道路トンネル照明に関する記述として，最も不適当なものはどれか。

1. 入口部照明の区間の長さは，設計速度が速いほど長くする。
2. 入口部照明の路面輝度は，野外輝度の低下に応じて低くする。
3. 基本照明の平均路面輝度は，設計速度が速いほど高くする。
4. 交通量の少ない夜間の基本照明の平均路面輝度は，昼間より高くする。

交通量の少ない夜間の基本照明の平均路面輝度は，昼間より低くする。

【関連問題】

トンネル照明に関する記述として，最も不適当なものはどれか。

1. トンネル照明方式は，対称照明方式と非対称照明方式に分類される。
2. 非対称照明方式は，カウンタービーム照明方式とプロビーム照明方式に分類される。
3. カウンタービーム照明方式は，車両の進行方向に対向した配光をもち，出口照明に採用される。
4. プロビーム照明方式は，車両の進行方向に配光をもち，入口・出口照明に採用される。

解説

カウンタービーム照明方式は，車両の進行方向に対向した配光をもち，入口照明に採用される。

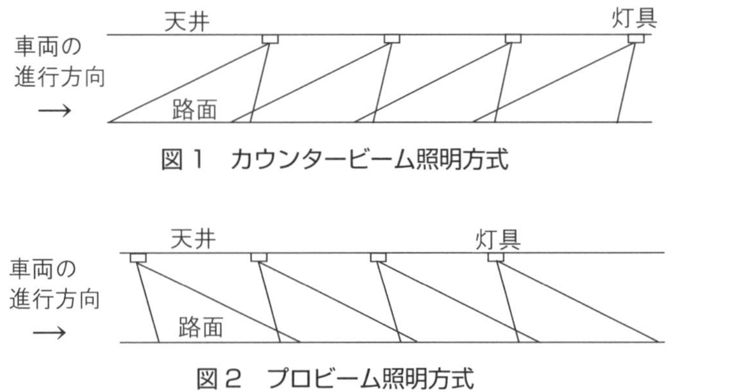

図１　カウンタービーム照明方式

図２　プロビーム照明方式

【重要問題 137】（道路照明の用語）

道路照明に関する次の文章に該当する用語として，最も適当なものはどれか。

「見え方の低下や不快感や疲労を生じる原因となる光のまぶしさ」

1. グレア
2. 誘導性
3. 輝度均斉度
4. 平均路面輝度

誘導性は運転者に道路の線形性を明示するものを，輝度均斉度は輝度分布の均一の程度を，平均路面輝度は運転者の視点から見た乾燥路面の平均輝度をそれぞれいう。

【関連問題】

連続する道路照明の平均路面輝度 L を光束法により求める式において，一般に用いられている記号とその内容として，不適当なものはどれか。

$$L=\frac{FNUM}{SWK}\ 〔\mathrm{cd/m^2}〕$$

ただし，N：灯具の配列による係数

M：保守率

K：平均照度換算係数〔$\mathrm{lx/(cd/m^2)}$〕

1. F：灯具1灯当たりの光度〔cd〕
2. U：照明率
3. W：車道の幅員〔m〕
4. S：灯具の間隔〔m〕

解説

F：は灯具1灯当たりのランプの光束〔lm〕である。

解答

【重要問題 134】 1

【重要問題 135】 3

【重要問題 136】 4 【関連問題】 3

【重要問題 137】 1 【関連問題】 1

第３章　関連分野

1．給排気・給排水設備
2．土木関連その１
3．土木関連その２
4．建築関連
5．設計・契約関連

学習のポイント

関連分野の特に土木・建築関係は，普段携わっている受検者以外は理解しがたいところなのでそのような受検者は機械設備関係と設計・契約関係でしっかり得点を取れるようにしましょう。（参考過去問：関連分野６問出題，うち３問選択・解答／設計・契約関係１問出題，必須・解答）

1．給排気・給排水設備

（解答は P. 122）

学習内容

機械換気方式，ポンプ直送方式，水道直結直圧方式について学びます。

【重要問題 138】（機械換気方式）

図に示す第３種機械換気を行う部屋として，最も不適当なものはどれか。

1. シャワー室
2. 湯沸室
3. 電気室
4. ボイラー室

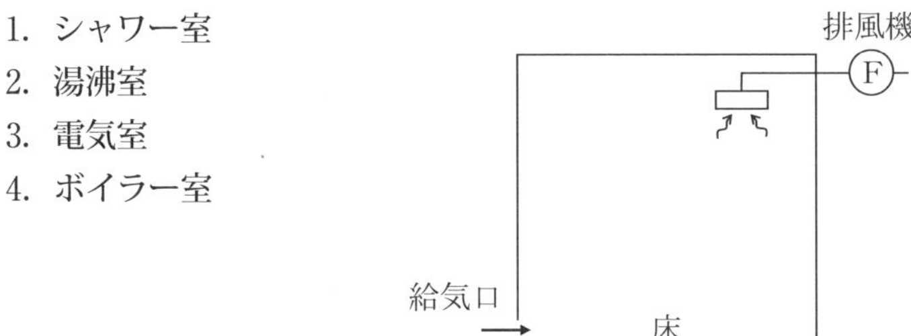

ボイラー室，自家発電機室及び厨房などは第１種機械換気が採用される。第1種換気は機械給気と機械排気による方式である。第２種機械換気は自然排気と機械給気による方式で正圧となる。クリーンルーム及び手術室などに採用される。電気室も第1種機械換気が採用されるが条件により3種でも可能である。第３種機械換気は自然給気と機械排気による方式で負圧となる。便所及び喫煙室などにも採用される。

【関連問題１】

室名とその用途に適した機械換気方式を示す図の組合せとして，最も不適当なものはどれか。

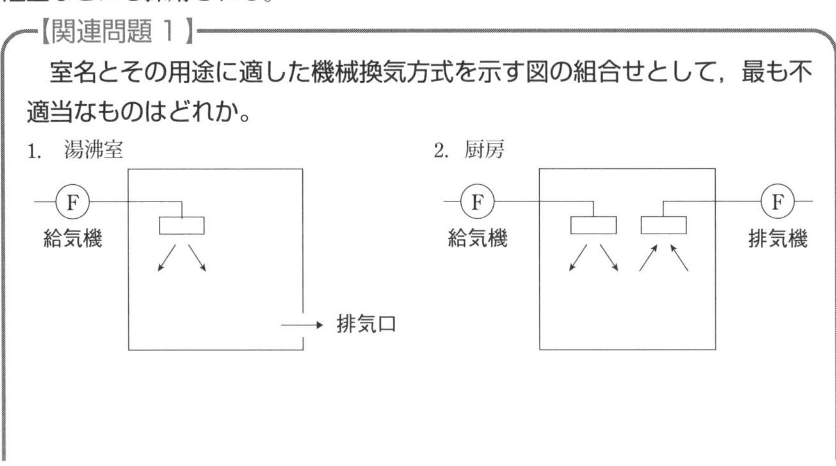

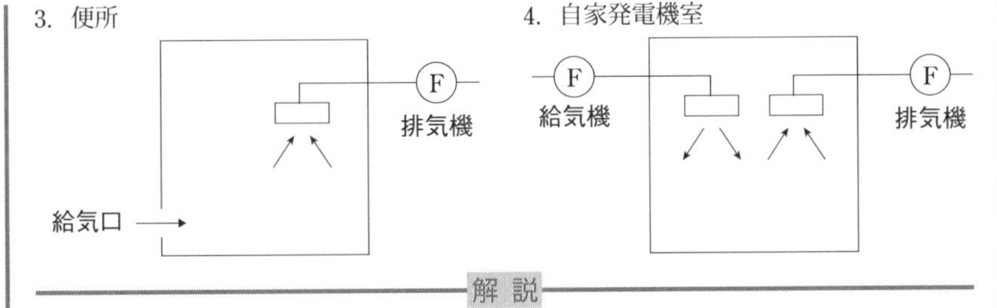

解 説

湯沸室は熱気と湿度が外部に漏れるので第１種機械換気方式又は第３種機械換気方式が適している。選択肢「1」は第２種機械換気方式,「2」及び「4」は第１種機械換気方式,「3」は第３種機械換気方式である。

【関連問題２】

換気設備に関する記述として，最も不適当なものはどれか。

1. 厨房は，燃焼空気を確保するために正圧にする。
2. 便所は，臭気が他室に漏れないように負圧にする。
3. 居室の24時間換気システムは，シックハウス対策に有効である。
4. 第3種換気方式は，機械排気と自然給気による換気を行う方式である。

解 説

厨房は，負圧にして臭気が漏れないようにする。

【重要問題 139】（ポンプ直送方式）

建物の給水設備における受水槽を設置したポンプ直送方式に関する記述として，不適当なものはどれか。

1. 水道本管の圧力変化に応じて給水圧力が変化する。
2. 建物内の必要な箇所へ給水ポンプで送る方式である。
3. 水道本管断水時は受水槽貯水分のみ給水が可能である。
4. 給水圧力を確保するための高置水槽が不要である。

受水槽を介しているので水道本管の圧力変化の影響は受けない。

【関連問題】

建物の給水設備におけるポンプ直送方式に関する記述として，不適当なものはどれか。

1. 給水圧力を確保するために，屋上に高置水槽が必要である。
2. 停電により給水ポンプが停止すると，給水が不可能となる。
3. 建物内の必要な箇所へ，受水槽の水を給水ポンプで送る方式である。
4. 給水ポンプをインバータ制御することにより，給水圧力がほぼ一定に保たれる。

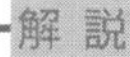

ポンプ直送方式は，高置水槽は不要である。

【重要問題 140】（水道直結直圧方式）

建物内の給水設備における水道直結直圧方式に関する記述として，不適当なものはどれか。

1. 受水槽が不要である。
2. 加圧給水ポンプが不要である。
3. 建物の停電時には給水が不可能である。
4. 水道本管の断水時には給水が不可能である。

電動機械類を使用していないので停電は関係がない。

解答

【重要問題 138】 4　【関連問題 1】 1　【関連問題 2】 1
【重要問題 139】 1　【関連問題】 1
【重要問題 140】 3

2．土木関連その１

（解答は P. 126）

《学習内容》

地盤の改良工法，止水又は地盤安定処理を行うための工法，盛上材料に求められる性質，鉄塔の組立工法，管路の埋設工法，開削工法，土留め支保工について学びます。

【重要問題 141】（地盤の改良工法）

地盤の改良を行うための工法として，不適当なものはどれか。

1. ケーソン工法　　2. 薬液注入工法
3. 石灰パイル工法　　4. 盛土載荷重工法

ケーソン工法は基礎工事の工法である。

第3章 関連分野

【重要問題 142】（止水又は地盤安定処理を行うための工法）

掘削工事をするうえで，止水又は地盤安定処理を行うための工法として，不適当なものはどれか。

1. 石灰パイル工法　　2. 凍結工法
3. 山留めオープンカット工法　　4. 薬液注入工法

山留めオープンカット工法は，掘削工事において，地盤の崩壊，流出を防止するために，地盤中に板または杭を打ち込み，その後，開削するものである。

【重要問題 143】（盛上材料に求められる性質）

土木工事における盛上材料に求められる性質として，不適当なものはどれか。

1. 締固めの施工が容易であること。　　2. 吸水による膨張が大きいこと。
3. せん断強度が大きいこと。　　4. 圧縮性が小さいこと。

吸水による膨張が小さいことが求められる

【関連問題】

盛土工事における締固めの目的に関する記述として，不適当なものはどれか。

1. 透水性を高くする。
2. 締固め度を大きくする。
3. せん断強度を大きくする。
4. 圧縮性を小さくする。

解 説

透水性を小さくする。

【重要問題 144】（鉄塔の組立工法）

架空送電線の鉄塔の組立工法としては不適当なものはどれか。

1. 台棒工法
2. 送込み工法
3. 移動式クレーン工法
4. クライミングクレーン工法

送込み工法は，送電線の緊線工事を行う工法である。

【関連問題】

架空送電線の鉄塔の組立工法として，不適当なものはどれか。

1. 相取り工法
2. 移動式クレーン工法
3. クライミングクレーン工法
4. 地上せり上げデリック工法

解 説

相取り工法は，送電線の緊線工事を行う工法である。

【重要問題 145】（管路の埋設工法）

地中送電線路における管路の埋設工法として，不適当なものはどれか。

1. 小口径推進工法

2. 刃口推進工法
3. アースドリル工法
4. セミシールド工法

アースドリル工法は，基礎工事に用いられる工法である。

【関連問題】

地中送電線路における管路等の埋設工法として，最も不適当なものはどれか。

1. 開削工法　　2. シールド工法
3. 刃口推進工法　　4. ディープウェル工法

解説

ディープウェル工法は，軟弱地盤中の水を排水する工法である。

【重要問題 146】（開削工法）

地中電線路を開削工法で施工する場合に用いる山留め壁として，遮水性が，最も低いものはどれか。

1. ソイルセメント壁
2. 鋼矢板壁
3. 親杭横矢板壁
4. 場所打ち鉄筋コンクリート地中壁

解説

親杭横矢板壁の適用地盤としては，良質地盤に広く用いられているが，遮水性がよくないこと，掘削底面以下の根入れ部分の連続性が保たれないことなどのため地下水位の低い良質地盤に限定される。

【重要問題 147】（土留め支保工）

図に示す土留め支保工のうち，アとイの名称の組合せとして，適当なものはどれか。

	ア	イ
1.	腹起し	中間杭
2.	腹起し	親杭
3.	切りばり	中間杭
4.	切りばり	親杭

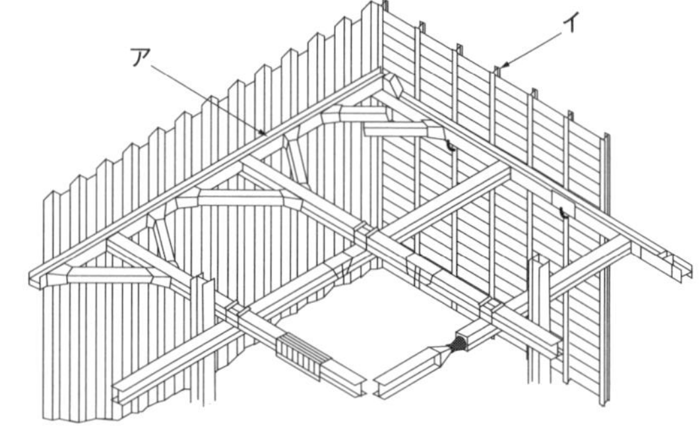

解説

次の図のようになっている。

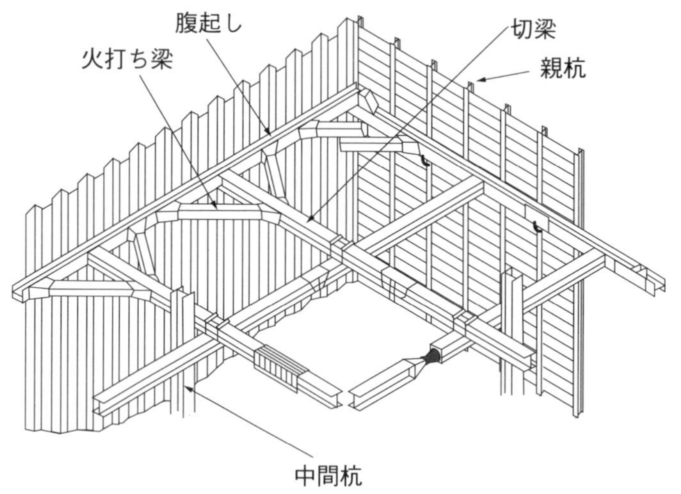

解答

【重要問題 141】 1
【重要問題 142】 3
【重要問題 143】 2 【関連問題】 1
【重要問題 144】 2 【関連問題】 1
【重要問題 145】 3 【関連問題】 4
【重要問題 146】 3
【重要問題 147】 2

3．土木関連その2

（解答はP. 132）

《学習内容》

水準測量に関する用語，アリダード等を用いる測量方法，建設作業とその作業に使用する建設機械，鉄道に関する用語の定義，新幹線鉄道の軌間，鉄道における土木構造物，鉄道線路のレール摩耗について学びます。

【重要問題 148】（水準測量に関する用語）

水準測量に関する用語として，関係のないものはどれか。

1. 基準面　　2. レベル　　3. ベンチマーク　　4. トラバース点

トラバース点は，トラバース測量で使用される用語である。水準測量に関する用語には，標高，視準線及び移器点などがある。

【関連問題】

水準測量の誤差に関する記述として，不適当なものはどれか。

1. 往復の測定を行い，その往復差が許容範囲を超えた場合は再度測定する。
2. 標尺が鉛直に立てられない場合は，標尺の読みは正しい値より小さくなる。
3. レベルの視準線誤差は，後視と前視の視準距離を等しくすれば小さくなる。
4. 標尺の零点目盛誤差は，レベルの据付け回数を偶数回にすれば小さくなる。

解説

標尺の読みは正しい値より大きくなる。

【重要問題 149】（アリダード等を用いる測量方法）

測量に関する次の文章に該当する測量方法として，適当なものはどれか。

「アリダード等の簡便な道具を用いて距離・角度・高低差を測定し，現場で直ちに作図する。」

1. 三角測量
2. 平板測量
3. スタジア測量
4. トラバース測量

平板測量の説明である。アリダードを使用するのが特徴である。

【関連問題】

平板測量に用いる器具として，最も不適当なものはどれか。

1. 図板　2. アリダード　3. トランシット　4. 求心器及び下げ振り

解 説

トランシットは，三角測量で用いる器具である。

【重要問題 150】（建設作業とその作業に使用する建設機械）

建設作業とその作業に使用する建設機械の組合せとして，不適当なものはどれか。

	建設作業	建設機械
1.	整地	ブルドーザ
2.	掘削	バックホウ
3.	敷ならし	ロードローラ
4.	締固め	コンパクタ

解説

敷ならしは，ブルドーザなどを使用する。ロードローラは，締固めに使用する。

【関連問題 1】

土工作業における締固め機械として，不適当なものはどれか。

1. モータグレーダ　2. 振動コンパクタ　3. タイヤローラ　4. ランマ

解 説

モータグレーダは，敷ならしに使用する。

【関連問題２】

建設作業とその作業に使用する建設機械の組合せとして，不適当なものはどれか。

	建設作業	建設機械
1.	掘削	バックホウ
2.	整地	クラムシェル
3.	削岩	ハンドブレーカ
4.	杭打ち	振動パイルハンマ

解 説

クラムシェルは，掘削に用いられる。

【関連問題３】

建設作業とその作業に使用する建設機械の組合せとして，不適当なものはどれか。

	建設作業	建設機械
1.	土砂の掘削・押土	ブルドーザ
2.	杭の打込み	油圧ハンマ
3.	鉄骨の建方	タワークレーン
4.	コンクリートの締固め	タンパ

解 説

タンパは，水分の少ない土壌の締固めに用いられる。

【関連問題４】

建設作業とその作業に使用する建設機械の組合せとして，不適当なものはどれか。

	建設作業	建設機械
1.	削岩	ドリフタ
2.	掘削	バックホウ
3.	締固め	モータグレーダ
4.	杭打ち	振動パイルハンマ

解 説

モータグレーダは，整地を行う場合に用いられる。

【重要問題 151】（鉄道に関する用語の定義）

鉄道線路及び軌道構造に関する記述として，「日本産業規格（JIS)」上，不適当なものはどれか。

1. 施工基面とは，路盤の高さの基準面である。
2. 建築限界とは，建造物の構築を制限した軌道上の限界である。
3. 軌道中心間隔とは，並行して敷設された 2 軌道の中心線間の距離である。
4. 軌間とは，直線区間における左右のレール中心線の間隔である。

軌間とは，直線区間における左右のレール**頭部間の最短距離**である。

【関連問題 1】

鉄道線路及び軌道に関する記述として，「日本産業規格（JIS)」上，不適当なものはどれか。

1. 施工基面とは，路盤の高さの基準面をいう。
2. 伸縮継目とは，軌道回路の絶縁箇所に使用するレール継目をいう。
3. 標準軌とは，1435 mm の軌間をいう。
4. ロングレールとは，200 m 以上の長さのレールをいう。

解 説

伸縮継目とは，ロングレールの端部に敷設して**レールの伸縮を許容する継目**をいう。

【関連問題 2】

鉄道線路及び軌道構造に関する記述として，「日本産業規格（JIS)」上，不適当なものはどれか。

1. 道床とは，レール又はまくらぎを支持し，荷重を路盤に分布する軌道の部分である。
2. スラブ軌道とは，コンクリートのスラブを用いた軌道である。
3. 軌道中心間隔とは，並行して敷設された 2 軌道の中心線間の距離である。
4. レール遊間とは，レールとレールの接続部である。

解 説

レール遊間とは，継ぎ目部の**前後**のレールの**隙間**をいう。レールとレールの接続部は**レール継ぎ目**である。

【関連問題 3】

鉄道線路の軌道構造に関する次の文章に該当する用語として，適当なものはどれか。

「レールを支え，荷重を道床などに分布させる部材」

1. 路盤　2. まくらぎ　3. 中継レール　4. チョック

解説

まくらぎのことである。

【関連問題 4】

鉄道に関する用語の定義について，「鉄道に関する技術上の基準を定める省令」上，不適当なものはどれか。

1. 本線とは，列車の運転に常用される線路をいう。
2. 信号場とは，専ら列車の行き違い又は待ち合わせを行うために使用される場所をいう。
3. 車庫とは，専ら車両の入換え又は列車の組成を行うために使用される場所をいう。
4. 列車とは，停車場外の線路を運転させる目的で組成された車両をいう。

解説

車庫とは，専ら車両の収納を行うために使用される場所をいう。専ら車両の入換え又は列車の組成を行うために使用される場所は，操作場である。

第3章 関連分野

【重要問題 152】（新幹線鉄道の軌間）

国内の鉄道において，新幹線鉄道の軌間として，正しいものはどれか。

1. 1676 mm
2. 1435 mm
3. 1372 mm
4. 1067 mm

新幹線鉄道の軌間は，1.435 m で標準軌と呼ばれる。これよりも狭いものを狭軌，広いものを広軌という。

【重要問題 153】（鉄道における土木構造物）

鉄道における土木構造物に関する記述として，最も不適当なものはどれか。

1. プラットホームの配置には，単線式，島式，相対式などがある。
2. コンクリート橋りょうは，錆に強いが鋼橋よりも重く騒音が大きい。
3. トンネルの施工方法には，山岳工法，シールド工法，開削工法などがある。
4. 土構造物は，自然材料で構成されているので環境負荷も少ないが，降雨などの災害を受けやすい。

コンクリート橋りょうは，錆に強いが鋼橋よりも重く騒音が小さい。

【重要問題 154】（鉄道線路のレール摩耗）

鉄道線路のレール摩耗に関する記述として， 最も不適当なものはどれか。

1. レール摩耗は，通過トン数，列車速度など運行条件に大きく影響を受ける。
2. 曲線では，外側レールの頭部側面の摩耗が内側レールよりすすむ。
3. レール摩耗低減には，焼入れレールの使用が効果的である。
4. 一般に平たん区間のレール摩耗は，勾配区間よりすすむ。

解説

一般に勾配区間のレール摩耗は，平たん区間よりすすむ。

解答

【重要問題 148】 4　【関連問題】 2

【重要問題 149】 2　【関連問題】 3

【重要問題 150】 3　【関連問題１】 1　【関連問題２】 2
【関連問題３】 4　【関連問題４】 3

【重要問題 151】 4　【関連問題１】 2　【関連問題２】 4
【関連問題３】 2　【関連問題４】 3

【重要問題 152】 2

【重要問題 153】 2

【重要問題 154】 4

4．建築関連

（解答は P. 137）

《学習内容》

コンクリートの試験，コンクリートに関する記述，コンクリート工事における施工の不具合，鉄筋コンクリート構造，鉄筋コンクリート構造と鉄骨構造，コンクリート舗装とアスファルト舗装について学びます。

【重要問題 155】（コンクリートの試験）

コンクリートの試験として，関係のないものはどれか。

1. 空気量試験　　　2. 圧縮強度試験
3. ブリーディング試験　　　4. サウンディング試験

サウンディング試験は土質調査に関する試験である。

【重要問題 156】（コンクリートに関する記述）

コンクリートに関する記述として，最も不適当なものはどれか。

1. 生コンクリートのスランプは，その数値が大きいほど流動性は大きい。
2. コンクリートの強度は，圧縮強度を基準として表す。
3. コンクリートのアルカリ性により，鉄筋の錆を防止する。
4. コンクリートの耐久性は，水セメント比が大きいほど向上する。

解説

コンクリートの耐久性は，水セメント比が小さいほど向上する。

【関連問題】

コンクリートに関する記述として，不適当なものはどれか。

1. コンクリートは， 水・セメント・細骨材・粗骨材・混和剤から作られる。
2. コンクリートの圧縮強度と引張強度は，ほぼ等しい。
3. 使用骨材によって普通コンクリートと軽量コンクリート等に分かれる。
4. 空気中の二酸化炭素によりコンクリートのアルカリ性は表面から失われて中性化していく。

解 説

コンクリートは圧縮強度が大きく，引張強度が小さい。

【重要問題 157】（コンクリート工事における施工の不具合）

コンクリート工事における施工の不具合として，関係のないものはどれか。

1. 豆板（ジャンカ）　　2. ブローホール
3. 空洞　　4. コールドジョイント

ブローホールは溶接における不具合でコンクリート工事とは関係がない。

【関連問題】

コンクリートの硬化初期における養生に関する記述として，不適当なものはどれか。

1. 適当な温度（10～25℃）に保つ。
2. 表面を十分に乾燥した状態に保つ。
3. 直射日光や風雨などに対して露出面を保護する。
4. 振動及び荷重を加えないようにする。

解 説

表面を十分に湿潤した状態に保つ。

【重要問題 158】（鉄筋コンクリート構造）

鉄筋コンクリート構造に関する記述として，最も不適当なものはどれか。

1. 生コンクリートの軟らかさを表すスランプは，その数値が大きいほど軟らかい。
2. コンクリートの中性化は，鉄筋の腐食防止に効果がある。
3. コンクリートと鉄筋の付着強度は，丸鋼より異形鉄筋を用いた方が大きい。
4. 柱のコンクリートかぶり厚さとは，帯筋表面からコンクリート表面までの最短距離をいう。

コンクリートの中性化は，鉄筋の腐食を促進する。

【関連問題１】

鉄筋コンクリート構造に関する記述として，最も不適当なものはどれか。

1. 鉄筋のかぶり厚さは，耐久性及び耐火性に大きく影響する。
2. 鉄筋とコンクリートの付着強度は，異形鉄筋より丸鋼のほうが大きい。
3. コンクリートの中性化が鉄筋の位置まで達すると，鉄筋はさびやすくなる。
4. 圧縮力に強いコンクリートと引張力に強い鉄筋の特性を，組み合わせたものである。

解説

鉄筋とコンクリートの付着強度は，丸鋼より異形鉄筋のほうが大きい。

【関連問題２】

鉄筋コンクリート構造において，所定の鉄筋のかぶり厚さが必要な理由として，最も不適当なものはどれか。

1. 火災時に鉄筋を保護するため。
2. 仕上げを容易にするため。
3. 鉄筋が錆びることを防ぐため。
4. 鉄筋の付着力を確保するため。

解説

鉄筋のかぶり厚さは，主に火災時に鉄筋を保護するための耐久性，鉄筋の錆を防止するための耐久性および鉄筋の付着力を確保するための構造耐久力的要求によって決められる。

【関連問題３】

図に示す鉄筋コンクリート造の壁の断面において，鉄筋の最小かぶり厚さとして，正しいものはどれか。

1. イ
2. ロ
3. ハ
4. ニ

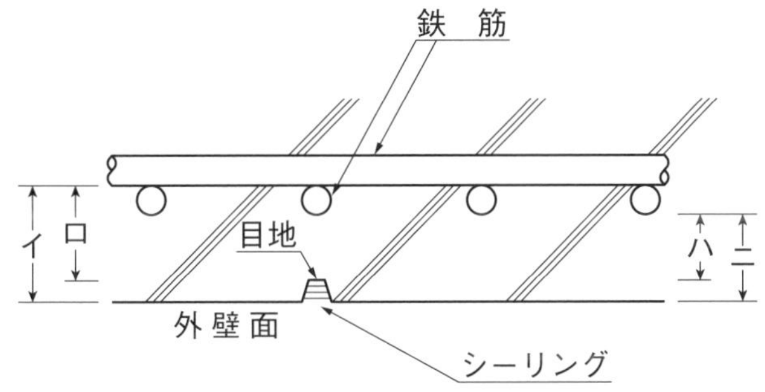

解 説

鉄筋のかぶり厚さは，鉄筋表面とそれを覆うコンクリートの表面（目地がある場合には目地の内側の地点）までの最短距離のことなので，「ハ」が正しい。

【重要問題 159】（鉄筋コンクリート構造と鉄骨構造）

鉄筋コンクリート構造と比較した鉄骨構造の特徴に関する記述として，最も不適当なものはどれか。

1. 骨組の部材断面が自由に製作でき，任意に接合できるので，さまざまなデザインに対応しやすい。
2. 鋼材は強度が大きく粘り強いので，小さな断面で大きな荷重に耐えられる。
3. 鋼材は不燃材であるので，火災で高温になっても骨組の強さを維持できる。
4. 骨組の部材は工場で加工されるので，現場の施工期間を短くできる。

鉄骨は不燃材であるが，高温になると強度が低下するので，耐火被覆を施す。

【重要問題 160】（コンクリート舗装とアスファルト舗装）

コンクリート舗装をアスファルト舗装と比較した記述として，最も不適当なものはどれか。

1. 施工後の養生期間が長い。
2. 部分的な補修が困難である。
3. 荷重によるたわみが大きい。
4. 耐久性に富む。

荷重によるたわみが小さい。

【関連問題】

アスファルト舗装と比較したコンクリート舗装に関する記述として，最も不適当なものはどれか。

1. 施工後の養生期間が長い。
2. 部分的な補修が困難である。
3. 膨張や収縮によるひび割れを防ぐため，目地が必要である。
4. せん断力に強いが曲げ応力に弱いので，沈下しやすい。

解 説

せん断力に強いが曲げ応力に弱いので，沈下しやすいのはアスファルト舗装である。

第3章 関連分野

解答

【重要問題 155】 4
【重要問題 156】 4 【関連問題】 2
【重要問題 157】 2 【関連問題】 2
【重要問題 158】 2 【関連問題 1】 2 【関連問題 2】 2
【関連問題 3】 3
【重要問題 159】 3
【重要問題 160】 3 【関連問題】 4

5．設計・契約関連

（解答は P. 140）

《学習内容》

配線用図記号，配電盤・制御盤・制御装置の文字記号について学びます。

【重要問題 161】（配線用図記号）

配線用図記号とその名称の組合せとして，「日本産業規格(JIS)」上，誤っているものはどれか。

	図記号	名称
1.		分電盤
2.		蛍光灯
3.	● 3	点滅器（3 路）
4.	E	コンセント（接地極付き）

 は制御盤の図記号である。分電盤は  である。

【関連問題 1】

構内電気設備に用いる配線用図記号と名称の組合せとして，「日本産業規格（JIS）」上，誤っているものはどれか。

	図記号	名称
1.		情報用アウトレット
2.		端子盤
3.		スピーカー
4.	(t)	直列ユニット（75Ω）

解説

(t) は電話型インターホン親機の図記号である。直列ユニット（75Ω）の図記号は ◎ である。

【関連問題２】

構内電気設備に用いる配線用図記号と名称の組合せとして，「日本産業規格（JIS)」上，誤っているものはどれか。

図記号　　名称

1.　通信用アウトレット（電話用アウトレット）

2.　情報用アウトレット

3.　コンセント

4.　非常用照明

解説

消防法によるは白熱灯の誘導灯である。建築基準法による白熱灯の非常用照明はである。

【関連問題３】

自動火災警報設備の配線用図記号と名称の組合せとして，「日本産業規格（JIS)」上，誤っているものはどれか。

図記号　　名称

1.　差動式スポット型感知器

2.　定温式スポット型感知器

3.　(B)　警報ベル

4.　(P)　表示灯

解説

(P) はＰ型発信器である。表示灯はである。

【関連問題４】

テレビ共同受信設備に用いる配線用図記号と名称の組合せとして，「日本産業規格（JIS)」上，誤っているものはどれか。

図記号　　名称

1.　テレビジョンアンテナ

2.　混合・分配器

3.　２分配器

4.　HE　ヘッドエンド

解説

は２分岐器の図記号である。２分配器の図記号はである。

第3章 関連分野

【重要問題 162】（配電盤・制御盤・制御装置の文字記号）

配電盤・制御盤・制御装置の文字記号と用語の組合せとして，「日本電機工業会規格（JEM）」上，誤っているものはどれか。

	文字記号	用語
1.	MS	電磁開閉器
2.	PGS	柱上用気中開閉器
3.	MCCB	配線用遮断器
4.	ELCB	漏電遮断器

PGS は柱上用ガス開閉器である。柱上用気中開閉器は PAS である。

【関連問題】

遮断器の文字記号と用語の組合せとして，「日本電機工業会規格(JEM)」上，誤っているものはどれか。

	文字記号	用語
1.	VCB	真空遮断器
2.	GCB	油入遮断器
3.	MCCB	配線用遮断器
4.	ELCB	漏電遮断器

解説

GCB はガス遮断器である。油入遮断器は OCB である。

解答

【重要問題 161】 1　【関連問題１】 4　【関連問題２】 4
【関連問題３】 4　【関連問題４】 3
【重要問題 162】 2　【関連問題】 2

第４章　施工管理法

1．工事施工その１	6．工程管理その２
2．工事施工その２	7．品質管理その１
3．工事施工その３	8．品質管理その２
4．施工計画	9．安全管理その１
5．工程管理その１	10．安全管理その２

学習のポイント

施工管理法の工事施工は，実務的な出題も多く実際に携わっていないと理解出来ない項目も有りますが，第２章の電気設備からの出題も多いので自分の得意とする分野を確実に学習しましょう。施工計画から安全管理までの４項目はこの資格の中核ともいえるところなので実際に業務に携わるときに必要となることばかりなので確実な理解が必要です。

また令和３年度より，施工管理法の応用能力を問う問題が，５肢択一の必須問題として，４問出題されています。

ネットワーク工程表の所要工期を求める計算問題（P 242 参照）が第一次検定に入りましたので，注意してください。

（参考過去問：応用能力問題４問出題，全て必須・解答／知識問題 10 問出題，うち６問選択・解答）

1．工事施工その１

（解答はP. 146）

《学習内容》

太陽光発電システムの施工，屋外変電所の施工，高低圧架空配電線路の施工，キュービクルの施工，高圧受電設備の受電室の施工について学びます。

【重要問題 163】（太陽光発電システムの施工）

太陽光発電システムの施工に関する記述として，最も不適当なものはどれか。

1．雷害等から保護するため，接続箱にサージ防護デバイス（SPD）を設けた。
2．ストリングごとに開放電圧を測定して，電圧にばらつきがないことを確認した。
3．ストリングへの逆電流の流入を防止するため，接続箱にバイパスダイオードを設けた。
4．太陽電池アレイ用架台の構造は，固定荷重の他に，風圧，積雪，地震時の荷重に耐えるものとした。

モジュール全体の**出力低下**を防止するために**バイパスダイオード**を設ける。

【関連問題１】

太陽光発電システムの施工に関する記述として，不適当なものはどれか。

1．太陽電池アレイの電圧測定は，晴天時，日射強度や温度の変動が少ないときに行った。
2．太陽電池モジュールの温度上昇を抑えるため，勾配屋根と太陽電池アレイの間に通気層を設けた。
3．感電を防止するため，配線作業の前に太陽電池モジュールの表面を遮光シートで覆った。
4．雷が多く発生する地域であるため，耐雷トランスをパワーコンディショナの直流側に設置した。

解説

耐雷トランスをパワーコンディショナの**交流側**に設置する。

【関連問題２】

住宅用の太陽光発電設備に関する記述として，最も不適当なものはどれか。

1. 太陽電池アレイの屋根置き形は，屋根に支持物を介して太陽電池モジュールを設置する方式である。
2. スレート屋根の上に太陽電池アレイを設置する場合，支持金具はたる木などの構造材に荷重がかからないよう屋根材に固定する。
3. 太陽電池モジュールの表面を覆う遮光シートは，モジュールを固定し配線作業が終了したのちに取り外す。
4. 太陽電池アレイの電圧測定は，晴天時，日射強度や温度の変動が極力少なくなるときに行う。

解説

アレイ設置よる荷重は，支持金具はたる木などの構造材などに固定する。

【重要問題 164】（屋外変電所の施工）

屋外変電所の施工に関する記述として，最も不適当なものはどれか。

1. 電線は，端子挿入寸法や端子圧縮時の伸び寸法を考慮して切断を行った。
2. がいしは，手ふき清掃と絶縁抵抗試験により破損の有無の確認を行った。
3. 変電機器の据付けは，架線工事などの上部作業の開始前に行った。
4. GIS の連結作業は，じんあいの侵入を防止するため，プレハブ式の防じん組立室を作って行った。

解説

変電機器の据付けを，架線工事などの上部作業の開始前に行うとクレーン操作の妨げになったり，溶接の火花などで機器が損傷するおそれがあるので好ましくない。

【重要問題 165】（高低圧架空配電線路の施工）

高低圧架空配電線路の施工に関する記述として，最も不適当なものはどれか。

1. 長さ 15 m の A 種コンクリート柱の根入れの深さを，2 m とした。

2. 支線が断線したとき地表上 2.5 m 以上となる位置に，玉がいしを取付けた。

3. 支線の埋設部分には，打込み式アンカを使用した。

4. 高圧架空電線の分岐接続には，圧縮型分岐スリーブを使用した。

「電気設備の技術基準とその解釈」第 59 条より，**長さ 15 m 以下のコンクリート柱の根入れの深さは全長の 1/6 以上**としなければならない。2.5 m 以上必要である。

【関連問題 1】

高圧架空配電線の施工に関する記述として，最も不適当なものはどれか。

1. 電線接続部には，絶縁電線と同等以上の絶縁効果を有するカバーを使用した。
2. 高圧電線は，圧縮スリーブを使用して接続した。
3. 延線した高圧電線は，張線器で引張り，たるみを調整した。
4. 高圧電線の引留支持用には，玉がいしを使用した。

解 説

高圧電線の**引留支持用**には，**引留がいしや耐張がいし**が用いられる。

【関連問題 2】

架空電線路の施工に関する記述として，「電気設備の技術基準とその解釈」上，不適当なものはどれか。ただし，高圧電線と低圧電線は同一支持物に施設するものとする。

1. 高圧線から柱上変圧器の一次側にいたる引下げ線に，高圧引下用架橋ポリエチレン絶縁電線（PDC）を使用した。
2. 高圧架空電線に屋外用ポリエチレン絶縁電線（OE）を使用したので，低圧架空電線の下に施設した。
3. 架空電線の分岐接続は，分岐線による張力が加わらないように支持点で行った。
4. 高圧ケーブルの被覆に使用する金属体に，D 種接地工事を施した。

解 説

低圧架空電線と高圧架空電線とを同一支持物に施設する場合は，低圧架空電線を高圧架空電線の下に施設し，低圧架空電線と高圧架空電線は，別個の腕金類に施設することになっている。

【関連問題３】

高圧架空電線にケーブルを使用する場合の記述として，「電気設備の技術基準とその解釈」上，不適当なものはどれか。

1. ちょう架用線には，断面積 22 mm^2 以上の亜鉛めっき鉄より線を使用した。
2. ちょう架用線には，D 種接地工事を施した。
3. ケーブルとちょう架用線とを容易に腐食しがたい金属テープにて，20 cm の間隔でらせん状に巻き付けた。
4. ケーブルをちょう架するハンガの間隔は，60 cm とした。

解 説

高圧架空電線にケーブルを使用する場合において，ケーブルをハンガによりちょう架用線に支持する場合には，ハンガの間隔は 50 cm 以下としなければならない。

【関連問題４】

地中電線路の施工方法に関する記述として，最も不適当なものはどれか。

1. 暗きょ式により施設したケーブルに，耐燃措置を施した。
2. 防食措置のない金属製の電線接続箱に，D 種接地工事を施した。
3. 直接埋設式で，車両その他の重量物の圧力を受けるおそれがあったので，埋設深さを 1.2 m とした。
4. 管路の両端に高低差があったので，引入れ張力を小さくするために，低い方のマンホールからケーブルを引入れた。

解 説

管路の両端に高低差がある場合，引入れ張力が小さくなるのは，高い方のマンホールからケーブルを引入れるときである。

【重要問題 166】（キュービクルの施工）

キュービクル式高圧受電設備の受渡試験の標準的な試験項目として，「日本産業規格（JIS)」上，定められていないものはどれか。

1. 構造試験
2. 動作試験
3. 耐電圧試験
4. 防水試験

防水試験及び温度上昇試験は型式試験である。

【重要問題 167】（高圧受電設備の受電室の施工）

高圧受電設備の受電室に関する記述として，「高圧受電設備規程」上，不適当なものはどれか。

1. 受電室を通過する排水管は，最短になるように施設した。
2. 保守点検に必要な通路の幅を 0.8 m とした。
3. 受電室を耐火構造とし，不燃材で造った壁，柱，床及び天井で区画した。
4. 配電盤の計器面の照度を 300 lx とした。

受電室には水管，ガス管及び蒸気管などを通過させてはならない。

また，受電室の出入り口又は扉には，施錠装置を設け関係者以外の立入りを禁止する表示をする。

解答

【重要問題 163】 3　【関連問題 1】 4　【関連問題 2】 2
【重要問題 164】 3
【重要問題 165】 1　【関連問題 1】 4　【関連問題 2】 2
【関連問題 3】 4　【関連問題 4】 4
【重要問題 166】 4
【重要問題 167】 1

2．工事施工その2

（解答は P. 151）

《学習内容》

低圧屋内配線の施設場所と工事の種類，金属管配線，低圧屋側電路の工事，接地工事，有線電気通信法について学びます。

【重要問題 168】（低圧屋内配線の施設場所と工事の種類）

低圧屋内配線の施設場所と工事の種類の組合せとして，「電気設備の技術基準とその解釈」上，不適当なものはどれか。ただし，使用電圧は 100 V とし，事務所ビルの乾燥した場所に施設するものとする。

	施設場所	工事の種類
1.	展開した場所	ライティングダクト工事
2.	展開した場所	ビニルケーブル（VVR）を用いたケーブル工事
3.	点検できない隠ぺい場所	PF 管を用いた合成樹脂管工事
4.	点検できない隠ぺい場所	金属ダクト工事

金属ダクト工事は，展開して乾燥した場所及び乾燥した点検できる隠ぺい場所に施設出来る。

【関連問題 1】

低圧屋内配線の工事の種類のうち，「電気設備の技術基準とその解釈」上，点検できない隠ぺい場所に施設できないものはどれか。

1. バスダクト工事
2. 合成樹脂管工事
3. 金属可とう電線管工事
4. ケーブル工事

解 説

バスダクト工事は点検できる隠ぺい場所に施設できる。ケーブル工事，合成樹脂管工事，金属可とう電線管工事及び金属管工事は特殊な場所以外は施工出来るので万能工事方法として覚えておこう。

【関連問題２】

低圧屋内配線に関する記述として，「内線規程」上，不適当なものはどれか。

1. 金属管配線は，点検できない水気のある場所に施設できる。
2. 金属ダクト配線には，ビニル電線（IV）が使用できる。
3. ライティングダクトは，壁を貫通して施設できる。
4. ビニル外装ケーブルは，二重天井内でケーブルに張力が加わらないように施設することで，ころがしとすることができる。

解説

ライティングダクトは，壁を貫通して施設してはならない。

【関連問題３】

ライティングダクト工事による低圧屋内配線に関する記述として，「電気設備の技術基準とその解釈」上，誤っているものはどれか。

1. ライティングダクトの終端部は，充電部が露出しないようにエンドキャップで閉そくした。
2. 天井を照らす照明を取り付けるため，ライティングダクトの開口部を上向きに設置した。
3. 絶縁物で金属製部分を被覆したライティングダクトを使用したので，D種接地工事を省略した。
4. ライティングダクト及び付属品は，電気用品安全法の適用を受けたものを使用した。

解説

ライティングダクトの開口部を上向きに設置してはならない。

【重要問題 169】（金属管配線）

金属管配線に関する記述として，「内線規程」上，不適当なものはどれか。

1. 金属管の太さが 31 mm の管の曲げ半径を，管内径の 4 倍とした。
2. 水気のある場所に施設する電線に，ビニル電線（IV）を使用した。
3. 電線の被覆を損傷しないように，管の端口には絶縁ブッシングを使用した。
4. 金属管のこう長が 30 m を超えないように，途中にプルボックスを設置した。

内線規程では電線管の太さが 25 mm を超える場合には，管内径の 6 倍以上とすることが定められている。

【関連問題】

金属線ぴ工事による低圧屋内配線に関する記述として，「電気設備の技術基準とその解釈」上，誤っているものはどれか。ただし，使用電圧は 100 V とし，線ぴは電気用品安全法の適用を受ける 1 種金属製線ぴとする。

1. 電線を線ぴ内で接続して分岐した。
2. 電線にビニル電線（IV）を使用した。
3. 乾燥した点検できる隠ぺい場所に施設した。
4. 線ぴの長さが 3 m なので，D 種接地工事を省略した。

解 説

電線を線ぴ内で接続して分岐できるのは 2 種金属製線ぴを使用した場合である。

【重要問題 170】（低圧屋側電路の工事）

低圧屋側電線路の工事として，「電気設備の技術基準とその解釈」上，不適当なものはどれか。ただし，木造の造営物に施設する場合を除く。

1. 金属管工事
2. 金属ダクト工事
3. 合成樹脂管工事
4. ケーブル工事

万能工事の内 3 種類が入っているので金属ダクト工事が不適当と分かる。

【重要問題 171】（接地工事）

D 種接地工事を施した箇所として，「電気設備の技術基準とその解釈」上，誤っているものはどれか。ただし，配線は屋内配線とし，使用電圧は 200 V とする。

1. 金属管工事で使用した管
2. バスダクト工事で使用したダクト

3. 合成樹脂管工事で施設した金属製のボックス

4. 堅ろうな隔壁を設けて通信ケーブルと共用した金属ダクト工事のダクト

解説

堅ろうな隔壁を設けて通信ケーブルと共用した金属ダクト工事のダクトには，C 種接地工事が必要である。

【関連問題】

屋内施設における接地工事に関する次の文章中，［　　］に当てはまる語句として，「電気設備の技術基準とその解釈」上，適当なものはどれか。

「低圧屋内配線と弱電流電線を電気的に大地と接続されていない金属ダクト内に施設するので，金属ダクトをセパレート付きとし，［　　］接地工事を施した。」

1. A 種　　2. B 種　　3. C 種　　4. D 種

解説

弱電流電線と接近する場合には，C 種接地工事が必要である。

【重要問題 172】（有線電気通信法）

有線電気通信設備の線路に関する記述として，「有線電気通信法」上，誤っているものはどれか。ただし，光ファイバは除くものとする。

1. 通信回線の線路の電圧を 100 V 以下とした。
2. 架空電線と他人の建造物との離隔距離を 40 cm とした。
3. 横断歩道橋の上の部分を除き，路面から 5 m の高さとした。
4. 抵抗を直流 100 V の電圧で測定した結果，0.4 MΩであったので良好とした。

直流 100 V の電圧で測定した場合 1 MΩ以上必要である。

【関連問題】

有線電気通信設備の線路に関する記述として,「有線電気通信法」上,誤っているものはどれか。ただし,光ファイバは除くものとする。

1. 河川を横断する架空電線は,舟行(しゅうこう)に支障を及ぼすおそれがない高さとした。
2. 横断歩道橋の上に設置する架空電線は,その路面から2.5 mの高さとした。
3. ケーブルを使用した地中電線と高圧の地中強電流電線との離隔距離が10 cm未満となるので,その間に堅ろうかつ耐火性の隔壁を設けた。
4. 屋内電線(通信線)が低圧の屋内強電流ケーブルと接近するので,強電流ケーブルに接触しないように設置した。

解説

横断歩道橋の上に設置する架空電線は,その路面から3m以上としなければならない。電力用架空電線の場合も同じなので合わせて覚えておくと良い。

解答

【重要問題 168】 4 【関連問題1】 1 【関連問題2】 3
【関連問題3】 2
【重要問題 169】 1 【関連問題】 1
【重要問題 170】 2
【重要問題 171】 4 【関連問題】 3
【重要問題 172】 4 【関連問題】 2

3．工事施工その3

（解答はP. 153）

《学習内容》

パンタグラフの離線防止対策，架空式の電車線路の施工，区分装置（セクション）について学びます。

【重要問題 173】（パンタグラフの離線防止対策）

電気鉄道におけるパンタグラフの離線防止対策に関する記述として，不適当なものはどれか。

1. トロリ線の硬点を多くする。
2. トロリ線の接続箇所を少なくする。
3. トロリ線の勾配変化を少なくする。
4. トロリ線の架線張力を適正に保持する。

トロリ線の硬点を少なくする。また，トロリ線の架線金具を軽くするのも効果がある。

【重要問題 174】（架空式の電車線路の施工）

電気鉄道における架空式の電車線路の施工に関する記述として，不適当なものはどれか。

1. ちょう架線のハンガ取付箇所には，保護カバーを取り付けた。
2. 電車線を支持する可動ブラケットは，長幹がいしを用いて電柱に取り付けた。
3. パンタグラフがしゅう動通過できるように，トロリ線相互の突合せ接続に圧縮接続管を使用した。
4. パンタグラフの溝摩耗を防止するために，直線区間ではトロリ線にジグザグ偏位をつけた。

圧縮接続管を使用するのはちょう架線である。トロリ線相互は，ダブルイヤーを使用して接続する。

【関連問題】

電気鉄道における架空き電線路の施工に関する記述として，最も不適当なものはどれか。

1. き電線を一条一括して架設する場合，風圧等による電線相互の異常な振れを防止するために，束合金具を取り付けた。
2. き電分岐箇所は，循環電流によるちょう架線の素線切れなどを防ぐために，トロリ線とちょう架線とを接続した。
3. き電線相互の接続は，圧着接続とした。
4. き電線の支持方法は，垂ちょう方式とした。

解説

き電線相互の接続は，圧縮接続としなければならない。

【重要問題 175】（区分装置（セクション））

電車線に関する次の文章に該当する区分装置（セクション）として，適当なものはどれか。

「直流，交流区間ともに広く採用され，パンタグラフ通過中に電流が中断せず，高速運転に適するので主に駅間に設けられる。」

1. エアセクション
2. BT セクション
3. FRP セクション
4. がいし形セクション

エアセクションの説明である。

解答

【重要問題 173】 1

【重要問題 174】 3 【関連問題】 3

【重要問題 175】 1

第4章 施工管理法

4．施工計画

（解答は P. 158）

《学習内容》

施工計画，施工要領書，仮設計画，機器の搬入計画，消防用設備等の届出，申請書等と提出先等の組合せ，公共工事標準請負契約約款について学びます。

【重要問題 176】（施工計画）

施工計画に関する記述として，最も不適当なものはどれか。

1. 労務工程表は，必要な労務量を予測し工事を円滑に進めるために作成する。
2. 安全衛生管理体制表は，安全及び施工の管理体制の確立のために作成する。
3. 総合工程表は，週間工程表を基に施工すべき作業内容を具体的に示して作成する。
4. 搬入計画書は，建築業者や関連業者と打合せを行い，工期に支障のないように作成する。

総合工程表は，**工事全体の進捗状況を把握**するものなので週間工程表を基に作成するものではない。

【関連問題 1】

工事の着手に先立ち，工事の総合的な計画をまとめた施工計画書に記載する事項として，最も不適当なものはどれか。

1. 資材計画
2. 仮設計画
3. 予算計画
4. 品質計画

解説

予算計画は請負者が作成するもので施工計画書に記載する事項として含まれない。

【関連問題２】

新築工事の着手に先立ち，工事の総合的な計画をまとめた施工計画書に記載するものとして，最も関係のないものはどれか。

1. 機器承諾図
2. 総合仮設計画
3. 官公庁届出書類の一覧表
4. 使用資材メーカーの一覧表

解説

機器承諾図や機器製作図は施工図として用いるものであり施工計画書には関係のないものである。

【重要問題 177】（施工要領書）　応用能力問題（５肢）としての出題例

施工要領書に関する記述として，最も不適当なものはどれか。

1. 施工図を補完する資料として活用できる。
2. 原則として，工事の種別ごとに作成する。
3. 施工品質の均一化及び向上を図ることができる。
4. 他の現場においても共通に利用できるよう作成する。
5. 図面には，寸法，材料名称などを記載する。

解説

施工要領書は工事ごとに異なるものなので他の現場においても共通に利用できるよう作成することはできない。

施工要領書は，一工程の施工の着手前に，総合施工計画書に基づいて作成され，部分詳細や図表などを用いて分かりやすいものとし，内容を作業員に周知徹底させる。初心者の技術・技能の習得に利用できる。

施工図を補完する資料であるが，設計者，工事監督員の承諾は必要である。（類問出題例あり）

【重要問題 178】（仮設計画）

仮設計画に関する記述として，最も不適当なものはどれか。

1. 仮設計画は，安全の基本となるもので，関係法令を遵守して立案しなければならない。

2. 仮設計画の良否は，工程やその他の計画に影響を及ぼし工事の品質に影響を与える。
3. 仮設計画は，全て発注者が計画し設計図書に定めなければならない。
4. 仮設計画には，火災予防や盗難防止に対する計画が含まれる。

仮設計画は，設計図書に明示されたものを除き，**請負者**が計画し設計図書に定めなければならない。

【重要問題 179】（機器の搬入計画）

機器の搬入計画を立案する場合に留意する事項として，最も関係のないものはどれか。

1. 運搬車両の駐車位置と待機場所
2. 機器の大きさと重量
3. 搬入揚重機の選定
4. 機器の試験成績書

機器の試験成績書は**品質管理**に属するものなので**機器の搬入計画**を立案する場合に留意する事項として含まれない。

【関連問題】

大型機器の搬入計画を立案する場合の確認事項として，最も関係のないものはどれか。

1. 運搬車両の駐車位置と待機場所
2. 作業に必要な有資格者
3. 作業員の健康診断記録
4. 搬入口の位置と大きさ

解 説

作業員の健康診断記録は**安全管理**に属するもので**大型機器の搬入計画**を立案する場合の確認事項として含まれない。

【重要問題 180】（消防用設備等の届出）

消防用設備等の届出に関する次の文章中，［　　］に当てはまる日数の組合せとして，「消防法」上，正しいものはどれか。

「消防用設備等の着工届は，工事に着手しようとする日の［ア］前までに，設置届は，工事が完了した日から［イ］以内に，消防長又は消防署長に届け出なければならない。」

	ア	イ
1.	10日	4日
2.	10日	14日
3.	30日	4日
4.	30日	14日

解説

消防用設備等の着工届は，工事に着手しようとする日の10日前までに，設置届は，工事が完了した日から4日以内に，消防長又は消防署長に届け出なければならない。

【重要問題 181】（申請書等と提出先等の組合せ）

法令に基づく申請書と提出先の組合せとして，誤っているものはどれか。

	申請書等	提出先等
1.	建築基準法に基づく「確認申請書（建築物）」	建築主事又は指定確認検査機関
2.	労働安全衛生法に基づく「労働者死傷病報告」	所轄労働基準監督署長
3.	道路交通法に基づく「道路使用許可申請書」	所轄警察署長
4.	電波法に基づく「高層建築物等予定工事届」	国土交通大臣

解説

高層建築物等予定工事届は総務大臣に提出しなければならない。

【関連問題 1】

届出及び報告書類等と提出先の組合せとして，不適当なものはどれか。

	届出及び報告書類等	提出先
1.	道路法に基づく「道路占用許可申請書」	道路管理者
2.	労働安全衛生法に基づく「労働者死傷病報告」	所轄労働基準監督署長

第4章 施工管理法

3. 電気事業法に基づく「保安規程届出書」　都道府県知事
4. 消防法に基づく「消防用設備等設置届出書」　消防長又は消防署長

解説

保安規程届出書は，経済産業大臣または管轄産業保安監督部長に届出る。

【関連問題２】

届出及び報告書類等と提出先の組合せとして，不適当なものはどれか。

届出及び報告書類等	提出先
1. 消防用設備等着工届出書	消防長又は消防署長
2. 労働者死傷病報告	公安委員会又は警察署長
3. 自家用電気工作物使用開始届出書	経済産業大臣又は経済産業局長
4. 確認申請書（建築物）	建築主事又は指定確認検査機関

解説

労働者死傷病報告は所轄労働基準監督署長に提出しなければならない。

【重要問題 182】（公共工事標準請負契約約款）

「公共工事標準請負契約約款」上，設計図書に含まれないものはどれか。

1. 図面
2. 仕様書
3. 現場説明書
4. 請負代金内訳書

公共工事標準請負契約約款上，請負代金内訳書は設計図書に含まれない。

解答

【重要問題 176】 3　【関連問題１】 3　【関連問題２】 1
【重要問題 177】 4
【重要問題 178】 3
【重要問題 179】 4　【関連問題】 3
【重要問題 180】 1
【重要問題 181】 4　【関連問題１】 3　【関連問題２】 2
【重要問題 182】 4

5．工程管理その1

（解答はP. 161）

《学習内容》

工程管理に関する記述について学びます。

【重要問題 183】（工程管理に関する記述）

工程管理に関する記述として，最も不適当なものはどれか。

1. 常にクリティカルな工程を把握し，重点的に管理する。
2. 屋外工事の工程は，天候不順などを考慮して余裕をもたせる。
3. 工程が変更になった場合には，速やかに作業員や関係者に周知徹底を行う。
4. 作業改善による工期短縮の効果を予測するには，ツールボックスミーティングが有効である。

ツールボックスミーティング（TBM）は，毎朝の作業開始前に行う安全に関する話し合をすることであり，安全に対する意識を高めて行く上で有効な方法である。作業改善による工期短縮の効果を精度高く予測することと直接関係がない。

【関連問題 1】

工程管理に関する記述として，最も不適当なものはどれか。

1. 進捗度曲線は，工期と出来高の関係を示したものである。
2. 総合工程表は，仮設工事を除く工事全体を大局的に把握するために作成する。
3. 施工完了予定日から所要期間を逆算して，各工事の開始日を設定する。
4. 関連業者との工程調整では，電気工事として必要な工程を的確に要求する。

解説

総合工定表は，着工から完成引渡しまでの工事全体の進捗の状況を把握するために作成される。したがって，仮設工事，工事の施工順序，試運転調整，検査，後片付け，清掃，引渡しまでの全工事の大要が示されている。

第4章 施工管理法

【関連問題２】

実施工程表の作成に関する記述として，不適当なものはどれか。

1. 工事の着手に先立って作成し，監督員の承諾を受ける。
2. 電気設備工事の工程表は，建築工事の工程表を十分検討して作成する。
3. 受電時期は，電気設備の完成時期及び試運転調整期間などを考慮して決める。
4. 1日平均作業量は，天候の影響による損失を考慮し，手待ちによる損失は考慮しない。

解説

１日平均作業量は，１日の作業時間を８時間とし全工期を通じて作業を行える**標準的な作業速度**を選択する。しかし，**天候の影響**による損失や，**手待ちによる損失**を考慮して決定する。

【関連問題３】

工程管理に関する記述として，最も不適当なものはどれか。

1. 月間工程の管理は，毎週の工事進捗度を把握して行う。
2. 作業改善による工期短縮の効果を予測するには，危険予知活動が有効である。
3. 主要機器の手配は，承諾期間，製作期間，総合工程を考慮して行う。
4. 施工完了予定日から所要期間を逆算して，各工事の開始日を設定する。

解説

作業改善による**工期短縮**の効果を**予測**するには，ネットワーク工程表の活用が有用である。**危険予知活動**については**安全管理**に関するものである。

【関連問題４】

電気工事の工程管理に関する記述として，最も不適当なものはどれか。

1. 電力引込みなどの屋外工事の工程は，天候不順などを考慮し，余裕をもたせる。
2. 関連業者との工程調整では，電気工事として必要な工程を的確に要求する。
3. 進捗度曲線を用いて，施工速度と工事原価の関係を管理する。
4. 常にクリティカルな工程を把握し，重点的に管理する。

解説

進捗度曲線を用いて，**出来高**と**工期**の関係を管理する。

【関連問題５】

工程管理に関する記述として，最も不適当なものはどれか。

1. 常にクリティカルな工程を把握し，重点的に管理しなければならない。
2. 万一遅れを生じた場合は，原因を究明して早急に対策を立てる。
3. 施工速度を上げるほど，一般に品質は向上する。
4. 進捗度曲線（Sチャート）は，工事の進捗に応じた数量や出来形などの累積値を縦軸に，時間を横軸に配置したものである。

解説

施工速度を上げるほど，一般に品質は低下する。

【関連問題６】

工程管理に関する記述として，最も不適当なものはどれか。

1. 工程管理の目的は，工期内に工事を完了することである。
2. 作業改善による工期短縮の効果を精度高く予測するには，ネットワーク工程表が有用である。
3. 工事が進むに従って，その工事固有の作業データが減少するので，工期予測の精度が低くなる。
4. 工程管理を行う場合，常に工期予測を行わなければならない。

解説

工程管理の目的は，工期内に工事を完了することであり，そのために，常に工期予測を行わなければならない。工事が進むに従って，その工事固有の作業データが増加するので，工期予測の精度が高くなっていく。

解答

【重要問題 183】 4　【関連問題１】 2　【関連問題２】 4
【関連問題３】 2　【関連問題４】 3
【関連問題５】 3　【関連問題６】 3

6. 工程管理その2

（解答は P. 165）

《学習内容》

工程表の種類，工程表の特徴について学びます。

【重要問題 184】（工程表の種類）

図に示す工程表の名称として，適当なものはどれか。

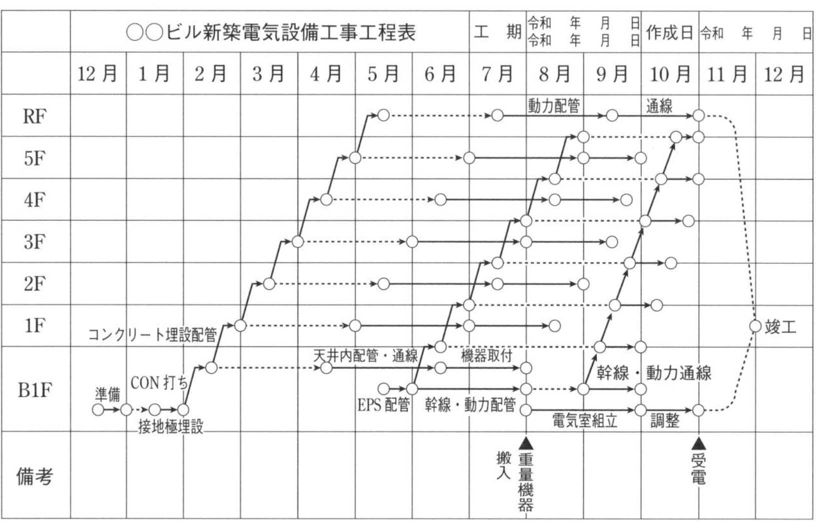

1. タクト工程表
2. バーチャート工程表
3. QC 工程表
4. ネットワーク工程表

解説

問題の図の**タクト工程表**は，縦軸を階層，横軸を暦日とし，システム化されたフローチャートを階段状に積み上げた工程表である。他の作業との関連性がわかりやすく，特に**繰り返しの多い工程**の管理に適している。

図 1 に示す**バーチャート工程表**は，各作業の流れが左から右へ書かれているので，作業間の関連は漠然として分かり，また，各作業の所要日数がよく分かるが，各作業の**余裕日数**や工期に影響する作業がどれだけあるかわかりにくくなっている。

作業内容 ＼ 月日	4月 10 20 30	5月 10 20 31	6月 10 20 30	7月 10 20 31	8月 10 20 31	9月 10 20 30	備考
準備作業							
配管工事							
配線工事							
機器据付工事							
盤類取付工事							
照明器具取付工事							
弱電機器取付工事							
受電設備工事							
試運転・調整							
検査							

図1　バーチャート工程表

図2に示す**ネットワーク工程表**は，作業日数を記入して矢線（アクティビティ）でつなぐもので，作業着手順序の前後関係，工程管理上の重要な作業の**余裕日数**，**遅れの度合**などの発見が容易となる。この工程表は，各作業に対する先行作業，後続作業及び並行する作業との相互関係が分かりやすいので，複雑な工事に有効である。

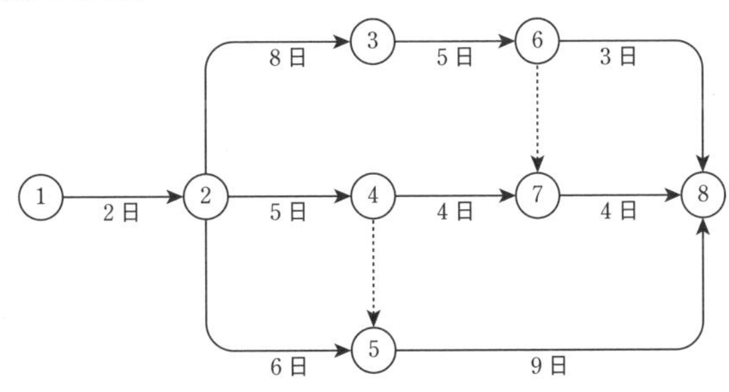

図2　ネットワーク工程表

図3に示す**ガントチャート工程表**は，工事を構成する部分作業や部分工事を，横軸に各作業などの完了時点を100〔%〕として，現在の達成度を棒グラフで表したものである。これにより作業別の現在の進行状態を知ることはできるが，全体工期はもちろん，作業別の所要日数も把握できない欠点がある。

令和○○年○○月末現在

作業名 ＼ 達成度	10	20	30	40	50	60	70	80	90	100 %
準備作業										
配管工事										
接地工事										
入線工事										
中間接続工事										
端末処理結線										
塗装工事										
後片付け										

図3　ガントチャート工程表

QC 工程表は品質管理に用いるもので工程管理とは関係ない。

【重要問題 185】（工程表の特徴）　**応用能力問題（5 肢）としての出題例**

建設工事の工程管理で採用する工程表に関する記述として，最も不適当なものはどれか。

1. ある時点における各作業ごとの進行状況が把握しやすい，ガントチャート工程表を採用した。
2. 各作業の完了時点を横軸で 100% としている，ガントチャート工程表を採用した。
3. 各作業の手順が把握しやすい，バーチャート工程表を採用した。
4. 各作業の所要日数や日程が把握しやすい，バーチャート工程表を採用した。
5. 工事全体のクリティカルパスが把握しやすい，バーチャート工程表を採用した。

バーチャート工程表は，各作業の手順や所要日数，日程は把握しやすいが，工事全体のクリティカルパスは把握しにくい。各作業の余裕日数や工期に対する影響の度合いを把握することが難しい。

【関連問題】　**応用能力問題（5 肢）としての出題例**

建設工事において工程管理を行う場合，バーチャート工程表と比較した，ネットワーク工程表の特徴に関する記述として，最も不適当なものはどれか。

1. 各作業の関連性を明確にするため，ネットワーク工程表を用いた。
2. 計画出来高と実績出来高の比較を容易にするため，ネットワーク工程表を用いた。
3. 各作業の余裕日数が容易に分かる，ネットワーク工程表を用いた。
4. 重点的工程管理をすべき作業が容易に分かる，ネットワーク工程表を用いた。
5. どの時点からもその後の工程が計算しやすい，ネットワーク工程表を用いた。

解 説

バーチャート工程表は，計画出来高と実績出来高の比較が容易であるが，ネットワーク工程表は容易ではない。

【新・重要問題】（ネットワーク工程の所要工期）

応用能力問題(5肢)としての出題例

図に示すネットワーク工程の所要工期（クリティカルパス）として，正しいものはどれか。

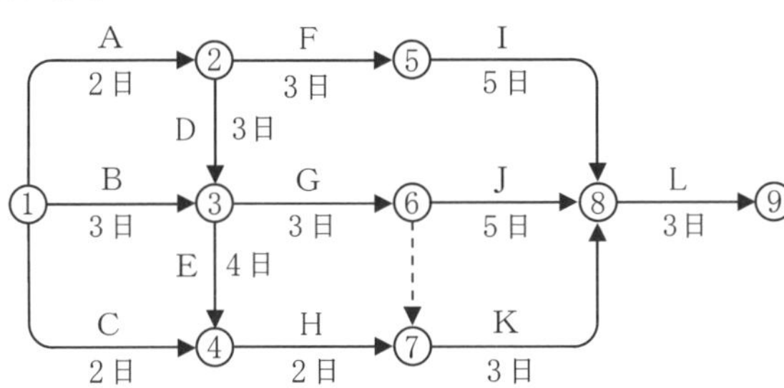

1. 10日　　2. 12日　　3. 14日　　4. 17日　　5. 19日

各パスを計算すると次のようになる。

パス	所要日数
①→②→⑤→⑧→⑨	2+3+5+3=13日
①→②→③→⑥→⑧→⑨	2+3+3+5+3=16日
①→②→③→⑥→⑦→⑧→⑨	2+3+3+0+3+3=14日
①→②→③→④→⑦→⑧→⑨	2+3+4+2+3+3=17日
①→③→⑥→⑧→⑨	3+3+5+3=14日
①→③→⑥→⑦→⑧→⑨	3+3+0+3+3=12日
①→③→④→⑦→⑧→⑨	3+4+2+3+3=15日
①→④→⑦→⑧→⑨	2+2+3+3=10日

以上により，①→②→③→④→⑦→⑧→⑨の経路がクリティカルパス（最長経路）で，所要工期は17日となる。

※検定制度改正前までは第二次検定(実地試験)の方で出題されていたネットワーク工程表の所要工期（クリティカルパス）を求める計算問題が，第一次検定の応用能力問題として出題されています。P 242～P 247も参照して下さい。

【重要問題184】 1

【重要問題185】 5　【関連問題】 2

【新・重要問題】 4

7．品質管理その1

（解答は P. 168）

《学習内容》

品質管理に用いる図表について学びます。

【重要問題 186】（品質管理に用いる図表）

図に示す品質管理に用いる図表の名称として，適当なものはどれか。

1. パレート図
2. 特性要因図
3. 管理図
4. ヒストグラム

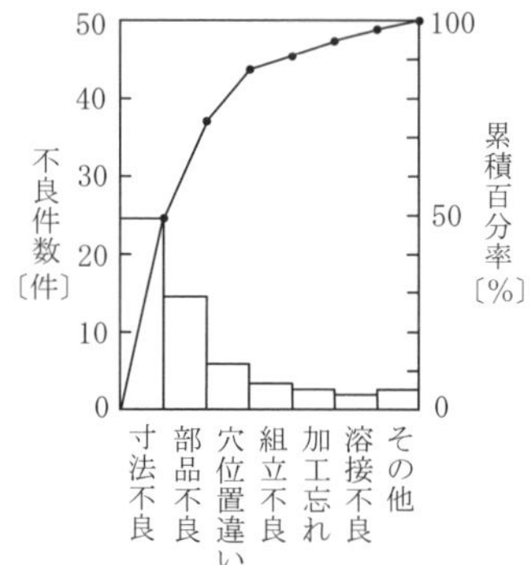

問題の図の**パレート図**は不良品・欠点・故障などの**発生個数**を現象や原因別に分類し，それを**大きい順**に並べ，それを棒グラフとし，更に，これらの大きさを順次累積し，**折れ線グラフ**で表した図をいう。不良品や故障などの現象のうち，もっとも重大な項目を発見するときに役立つ。

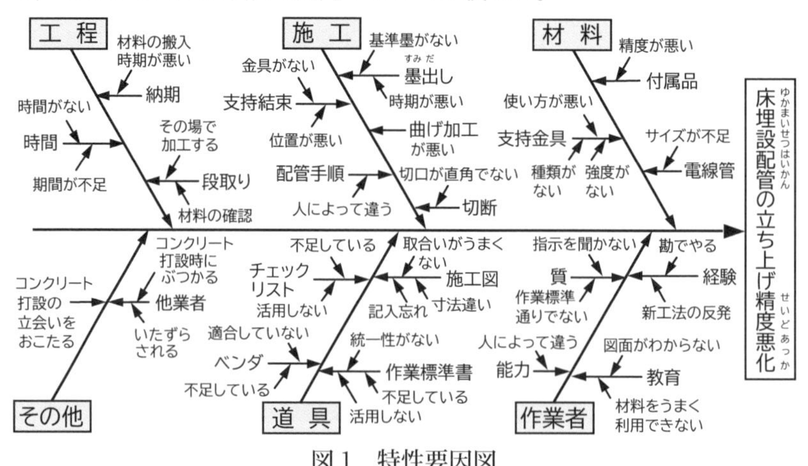

図1　特性要因図

図１の**特性要因図**は，問題としている**特性**（結果）と，それに影響を及ぼしている**要因**（原因）の関係を体系的に整理したものである。この図の形が魚の骨に似ていることから「魚の骨」とも呼ばれる。不良品や故障などの**原因**を深く追究し，発見するのに役立つ手法となる。

図の［　　　］内が空欄になっていて，入る言葉が何かを選ぶ５肢択一問題の出題例あり。

図２の管理図は，データをプロットした点を直線で結んだ**折れ線グラフ**の中に異常を知るための中心線や管理限界線を記入したもので，データの図式記録の一種である。工程が**安定状態**にあるかどうかを調べるために利用し，欠点の原因と結果の関連を整理することはできない。

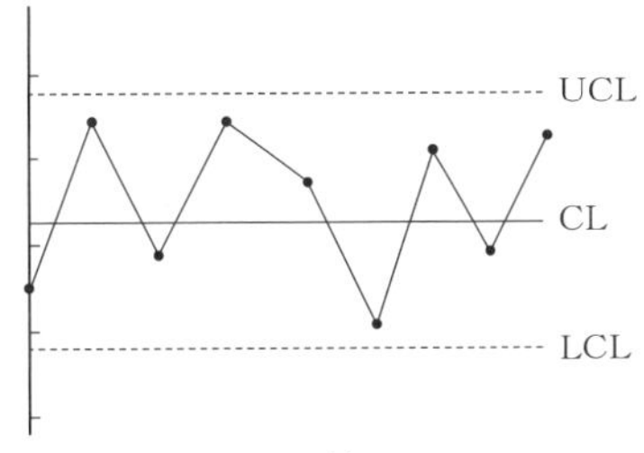

図２　管理図

図３の**ヒストグラム**は，長さ，重さ，時間など計量したデータがどんな分布をしているかを，縦軸に度数，横軸にその軽量値をある幅ごとに区分し，その幅を底辺とした**柱状図**で表したものをいう。製品や工事の品質の状態を簡単に知ることができ，図中に規格値を記入することによって，効果的な**規格管理**を行うことにも役に立つ。

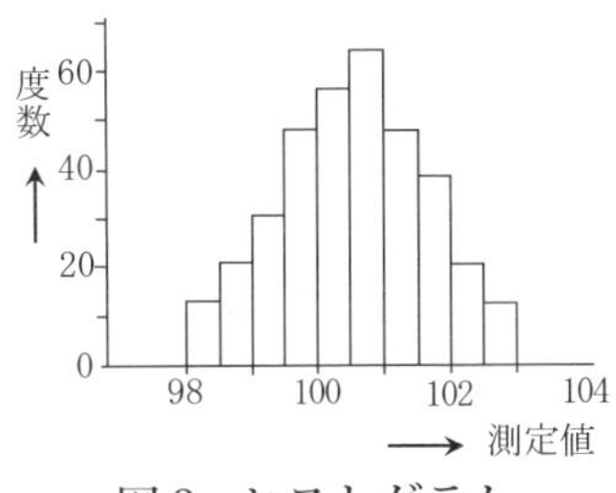

図３　ヒストグラム

図４の**散布図**は，関係のある２つの対になったデータの１つを縦軸に，他の１つを横軸にとり，両者の対応する点をグラフにプロットした図をいう。**２種類**のデータの**相互関係**をみるのに利用される。

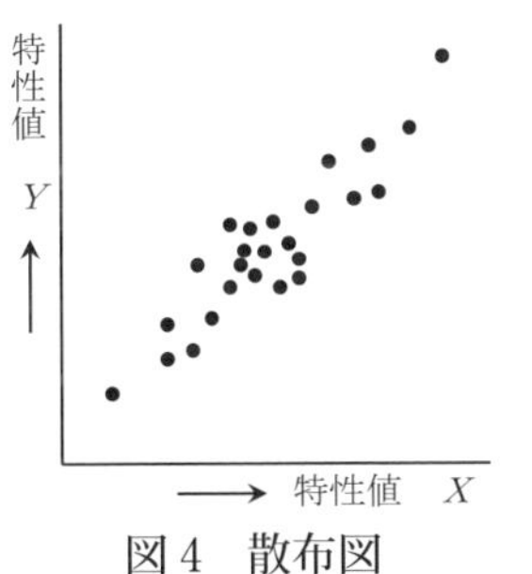

図４　散布図

【新・重要問題】（品質管理に用いる図表の読解力）　**応用能力問題(5肢)としての出題例**

図に示す電気工事におけるパレート図において，品質管理に関する記述として，最も不適当なものはどれか。

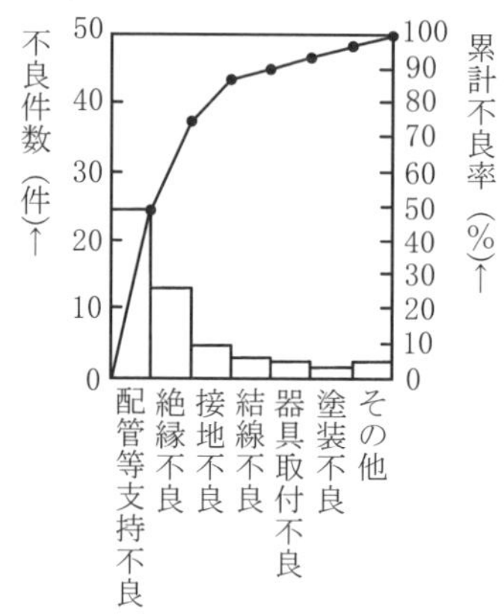

1. 不良件数の多さの順位が分かりやすい。
2. 工事全体の不良件数は，約 50 件である。
3. 配管等支持不良の件数が，工事全体の不良件数の約半数を占めている。
4. 工事全体の損失金額を効果的に低減するためには，配管等支持不良の項目を改善すれば良い。
5. 配管等支持不良，絶縁不良，接地不良及び結線不良の各項目を改善すると，工事全体の約 90% の不良件数が改善できる。

解説

パレート図は不良件数の集計をしたもので，不良と金銭的な関係は示されていないので，配管等の不良を改善しても，工事全体の損失金額を効果的に低減できるか判断できない。

※図表の形状からその名称のみを答えるこれまでの問題より，さらに深く，その図表の内容から何が読み取れるか，応用力を問う問題となっています。様々な図表を見て，その中身から何が判断できるかを探求する練習をしてください。

【重要問題 186】　1

【新・重要問題】　4

8．品質管理その2

（解答は P. 171）

《学習内容》

接地抵抗の測定，絶縁抵抗測定，低圧の測定器の使用について学びます。

【重要問題 187】（接地抵抗の測定）

電圧降下式の接地抵抗計による接地抵抗の測定に関する記述として，最も不適当なものはどれか。

1. 測定用補助接地棒（P，C）は，被測定接地極（E）を中心として両側に配置した。
2. 測定前に，接地端子箱内で機器側と接地極側の端子を切り離した。
3. 測定前に，接地抵抗計の電池の電圧を確認した。
4. 測定前に，地電圧が小さいことを確認した。

接地極は，E，P，C 又は C，P，E の順で配置しなければならない。

【重要問題 188】（絶縁抵抗測定）

絶縁抵抗測定に関する記述として，不適当なものはどれか。

1. 高圧ケーブルの各心線と大地間を，1000 V の絶縁抵抗計で測定した。
2. 200 V 電動機用の電路と大地間を，500 V の絶縁抵抗計で測定した。
3. 測定前に絶縁抵抗計の接地端子（E）と線路端子（L）を短絡し，スイッチを入れて指針が無限大（∞）であることを確認した。
4. 対地静電容量が大きい回路なので，絶縁抵抗計の指針が安定してからの値を測定値とした。

測定前に絶縁抵抗計の接地端子（E）と線路端子（L）を短絡し，スイッチを入れて指針が零点（0）であることを確認する。

【関連問題】

絶縁抵抗測定試験に関する記述として，最も不適当なものはどれか。

1. 高圧ケーブルの各心線と大地間を 1000 V 絶縁抵抗計（メガー）で測定した。
2. 400 V 電動機用配線を 500 V 絶縁抵抗計（メガー）で測定した。
3. 電話回線電路を 50 V 絶縁抵抗計（メガー）で測定した。
4. 漏電遮断器が設置されている 100 V の外灯回路の電線相互間を，250 V 絶縁抵抗計（メガー）で測定した。

解説

漏電遮断器が設置されている電路の電線相互間の絶縁抵抗測定は，行ってはならない。

【重要問題 189】（低圧の測定器の使用）

低圧の屋内配線工事における測定器の使用に関する記述として，不適当なものはどれか。

1. 分電盤内の電路の充電状態を確認するため，低圧用検電器を使用した。
2. 三相動力回路の相順を確認するため，検相器を使用した。
3. 分電盤の分岐回路の絶縁を確認するため，接地抵抗計を使用した。
4. 配電盤からの幹線の電流を計測するため，クランプ式電流計を使用した。

絶縁を確認するため，絶縁抵抗計を使用する。

【関連問題 1】

電気設備の試験に用いる測定器と使用目的の組合せとして，不適当なものはどれか。

	測定器	使用目的
1.	検相器	三相動力回路の相順の確認
2.	検電器	高圧回路の電流値の測定
3.	絶縁抵抗計	回路の絶縁状態の確認
4.	回路計（テスタ）	低圧回路の電圧値の測定

解 説

検電器は高圧回路の**充電の有無**を確認するために用いられる。高圧回路の**電流値の測定**は CT を介して**電流計**により測定する。

【関連問題 2】

アナログ式回路計（テスタ）の使用に関する記述として，最も不適当なものはどれか。

1. 測定に先立ち，零位調整を行った。
2. 指示値の読みとりは，回路計を水平にし，指針の真上から読んだ。
3. レンジの切り替えは，テスト棒を，測定する回路から離した後に行った。
4. 測定レンジの選定は，最小レンジから順に上位のレンジに切り替えた。

解 説

上位のレンジから下位のレンジに切り替えて最適なレンジで測定する。

第4章 施工管理法

解答

【重要問題 187】 1

【重要問題 188】 3　【関連問題】 4

【重要問題 189】 3　【関連問題 1】 2　【関連問題 2】 4

9．安全管理その1

（解答は P. 175）

《学習内容》

特別教育を修了した者が就業できる業務，作業主任者を選任すべき作業，要求性能墜落制止用器具等の取付設備等，監視人を置く等の措置，作業床，昇降設備の設置について学びます。

【重要問題 190】（特別教育を修了した者が就業できる業務）

建設現場において，特別教育を修了した者が就業できる業務として，「労働安全衛生法」上，誤っているものはどれか。ただし，道路上を走行させる運転を除く。

1. 建設用リフトの運転
2. 研削といしの取替え又は取替え時の試運転
3. 作業床の高さが 15 m の高所作業車の運転
4. ゴンドラの操作の業務

解説

労働安全衛生法第 59 条の**特別の教育**が必要な作業として定められているものは，作業床の高さが **10 m 未満**の高所作業車の運転の業務である。

【関連問題】

建設現場において，特別教育を修了した者が就業できる業務として，労働安全衛生法」上，誤っているものはどれか。ただし，道路上を走行する運転を除くものとする。

1. つり上げ荷重が 2.5 t のクレーンの運転
2. アーク溶接機を用いて行う金属の溶接
3. 最大荷重 0.5 t のフォークリフトの運転
4. つり上げ荷重 1 t の移動式クレーンの運転

解説

つり上げ荷重 **1 t 未満の移動式クレーン**の運転である。

【重要問題 191】（作業主任者を選任すべき作業）

作業主任者を選任すべき作業として，「労働安全衛生法」上，定められていないものはどれか。

1. 高圧活線近接作業
2. 張出し足場の組立て作業
3. 酸素欠乏危険場所における作業
4. 土止め支保工の切りばりの取付け作業

高圧活線近接作業は特別な教育を必要とする作業である。

【関連問題】

作業主任者を選任すべき作業として，「労働安全衛生法」上，定められていないものはどれか。

1. アセチレン溶接装置を用いて行う金属の溶接の作案
2. 分電盤にケーブルを接続する活線近接作業
3. 高圧室内作業
4. 掘削面の高さが二メートル以上となる地山の掘削

解　説

低圧活線近接作業は特別な教育を必要とする作業である。

【重要問題 192】（要求性能墜落制止用器具等の取付設備等）

要求性能墜落制止用器具等の取付設備等に関する次の記述のうち，［　　］に当てはまる語句として，「労働安全衛生法」上，定められているものはどれか。

「事業者は，高さが［　　］の箇所で作業を行う場合において，労働者に要求性能墜落制止用器具等を使用させるときは，要求性能墜落制止用器具等を安全に取り付けるための設備等を設けなければならない。」

1. 1.5 m 以上
2. 1.8 m 以上
3. 2.0 m 以上
4. 3.0 m 以上

労働安全衛生規則第 521 条より，2.0 m になっている。

【重要問題 193】（監視人を置く等の措置）

物体を投下するときに投下設備を設け，監視人を置く等の措置を講じなければならない高さとして，「労働安全衛生法」上，定められているものはどれか。

1. 2 m 以上
2. 3 m 以上
3. 4 m 以上
4. 5 m 以上

労働安全衛生規則第 536 条より，3 m になっている。

【重要問題 194】（作業床）

作業床に関する次の記述のうち，［　　］に当てはまる語句の組合せとして，「労働安全衛生法」上，正しいものはどれか。ただし，一側足場及びつり足場を除くものとする。

「高さ 2 m 以上の足場に使用する作業床の幅は［ア］以上とし，床材間の隙間は［イ］以下とする。」

	ア	イ
1.	30 cm	3 cm
2.	30 cm	5 cm
3.	40 cm	3 cm
4.	40 cm	5 cm

解説

労働安全衛生規則第 563 条より，40 cm と 3 cm になっている。

【重要問題 195】（昇降設備の設置）

昇降設備の設置に関する次の文章中，＿＿に当てはまる語句として，「労働安全衛生法」上，定められているものはどれか。

「事業者は，高さ又は深さが＿＿をこえる箇所で作業を行うときは当該作業に従事する労働者が安全に昇降するための設備等を設けなければならない。」

1. 1.5 m
2. 2 m
3. 3 m
4. 5 m

解説

労働安全衛生規則第 526 条より，1.5 m になっている。

【関連問題】

建設現場の通路に関する記述として，「労働安全衛生法」上，不適当なものはどれか。

1. 架設通路で墜落の危険がある箇所に設ける手すりの高さを 60 cm とした。
2. 通路に，正常の通行を妨げない程度に，採光又は照明の方法を講じた。
3. 安全な通路を設け，主要なものには通路であることを示す表示をした。
4. 通路面から高さ 1.8 m 以内に障害物を置かないようにした。

解説

墜落の危険のある箇所には，高さ 85 cm 以上の丈夫な手すりを設けること。

解答

【重要問題 190】 3 【関連問題】 4
【重要問題 191】 1 【関連問題】 2
【重要問題 192】 3
【重要問題 193】 2
【重要問題 194】 3
【重要問題 195】 1 【関連問題】 1

10. 安全管理その2

（解答はP. 178）

《学習内容》

感電の防止，玉掛け作業，移動式足場（ローリングタワー），溶解アセチレンの容器について学びます。

【重要問題 196】（感電の防止）

労働者の感電の危険を防止するための措置に関する記述として，「労働安全衛生法」上，誤っているものはどれか。

1. 架空電線に近接する場所でクレーンを使用する作業を行うので，架空電線に絶縁用防護具を装着した。
2. 区画された電気室において，電気取扱者以外の者の立入りを禁止したので，充電部分の感電を防止するための囲い及び絶縁覆いを省略した。
3. 仮設の配線を通路面で使用するので，配線の上を車両などが通過することによる絶縁被覆の損傷のおそれのないように防護した。
4. 低圧活線近接作業において，感電のおそれのある充電電路に感電注意の表示をしたので，絶縁用保護具の着用及び絶縁用防具の装着を省略した。

感電注意の表示をしても，**絶縁用保護具**の着用及び絶縁用防護具の装着を省略できない。

【関連問題】

停電作業を行う場合の措置に関する記述として，「労働安全衛生法」上，誤っているものはどれか。

1. 作業の指揮者は，作業員に作業方法等を周知させ，作業を直接指揮した。
2. 検電器具で停電を確認したので，開路した高圧電路の短絡接地を省略した。
3. 開路した開閉器に通電禁止の表示をしたので，監視人の配置を省略した。
4. 開路した電路に電力コンデンサが接続されていたので，残留電荷を放電した。

解説

高圧電路では，停電後でも他の電路による**誘導電圧**による**感電**の**危険**や誤操作による**感電**を**防ぐ**ために，必ず開路した高圧の電路の**短絡接地**を行い，不測の事故に備えるようにする。

【重要問題 197】（玉掛け作業）

クレーンを使用して機材を揚重する場合の玉掛け作業に関する記述として，最も不適当なものはどれか。

1. 玉掛け用ワイヤロープは，両端にアイを備えているものを使用した。
2. 玉掛け用ワイヤロープがキンクしていたので，曲り直しをして使用した。
3. 使用する日の作業前に，玉掛け用ワイヤロープの異常の有無について点検した。
4. クレーンのフック部で，玉掛け用ワイヤロープが重ならないようにした。

キンクしていたものを**曲り直し**をして使用してはならない。

【重要問題 198】（移動式足場（ローリングタワー）

移動式足場（ローリングタワー）の設置及び使用に関する記述として，最も不適当なものはどれか。

1. 作業床の高さが 2 m であったので，安全な昇降設備を設けた。
2. 作業床の周囲に設ける手すりの高さを 90 cm とし，中さんを設けた。
3. 作業床上では，脚立の使用を禁止した。
4. 作業床上の作業員が要求性能墜落制止用器具を使用していることを確認して，足場を移動させた。

解説

作業員が**要求性能墜落制止用器具**を使用していても**足場を移動**させてはならない。

【関連問題】

移動式足場（ローリングタワー）の組立て作業に関する記述として，最も不適当なものはどれか。

1. 枠組の最下端近くに水平交さ筋かいを設けた。
2. 3層の足場を組立てる際に，すべての建枠を組立てたあとに脚輪を取り付けた。
3. 作業床として，布枠上に足場板をすき間のないように敷き固定した。
4. 作業床の周囲には，高さ 90 cm の丈夫な手すりを取り付けた。

解説

3層の足場を組立てる場合は，建枠を1段組立てた後に脚輪を取り付け，残りの2層の組み立てを行う。

【重要問題 199】（溶解アセチレンの容器）

ガス溶接等の業務に使用する溶解アセチレンの容器の取扱いに関する記述として，「労働安全衛生法」上，誤っているものはどれか。

1. 容器の温度を 40℃ 以下に保つこと。
2. 運搬するときは，キャップを施すこと。
3. 保管するときは，転倒を防止するために横にして置くこと。
4. 使用前又は使用中の容器とこれら以外の容器との区別を明らかにしておくこと。

労働安全衛生規則第 263 条より，溶解アセチレンの容器は，立てて置くことになっている。

解答

【重要問題 196】 4　　【関連問題】 2
【重要問題 197】 2
【重要問題 198】 4　　【関連問題】 2
【重要問題 199】 3

第５章 法規

1．建設業法その１
2．建設業法その２
3．電気関連法規その１
4．電気関連法規その２
5．電気関連法規その３
6．建築基準法
7．消防法
8．労働安全衛生法
9．労働安全衛生規則
10．労働基準法
11．その他の法規

学習のポイント

法規では，特に建設業法及び電気関連法規は第二次検定でも出題されるので十分な学習が必要です。（参考過去問：12問出題，うち８問選択・解答）

1．建設業法その1

（解答はP．184）

《学習内容》

建設業の許可，一般建設業の許可，指定建設業，請負契約書について学びます。法改正情報　P188参照。

【重要問題200】（建設業の許可）

建設業の許可に関する記述として，「建設業法」上，誤っているものはどれか。

1．一般建設業の許可を受けた電気工事業者は，発注者から直接請け負った1件の電気工事の下請代金の総額が4500万円以上となる工事を施工することができる。
2．工事1件の請負代金の額が500万円に満たない電気工事のみを請け負うことを営業とする者は，建設業の許可を必要としない。
3．一般建設業の許可を受けた電気工事業者は，当該電気工事に附帯する他の建設業に係る建設工事を請け負うことができる。
4．一般建設業の許可を受けた電気工事業者は，電気工事業に係る特定建設業の許可を受けたときは，その一般建設業の許可は効力を失う。

特定建設業の許可を受けた電気工事業者でなければ，下請代金の総額が4500万円以上となる工事を施工することができない。

【関連問題1】

建設業の許可に関する記述として，「建設業法」上，誤っているものはどれか。

1．国土交通大臣の許可を受けた電気工事業者でなければ，国が発注する電気工事を請け負うことはできない。
2．建設業の許可は，5年ごとにその更新を受けなければ，その期間の経過によって，その効力を失う。
3．電気工事業に係る建設業の許可を受けた者が，引き続いて1年以上営業を休止した場合，当該許可は取り消される。
4．建設業を営もうとする者は，政令で定める軽微な建設工事のみを請け負う者を除き，建設業法に基づく許可を受けなければならない。

解説

国土交通大臣の許可（2つ以上の都道府県に営業所を持つ）又は都道府県知事の許可（1つの都道府県に営業所を持つ）をうけた電気工事業者であれば，国が発注する電気工事を請け負うことができる。

【関連問題２】

建設業の許可に関する記述として，「建設業法」上，誤っているものはどれか。

1. 建設業を営もうとする者は，政令で定める軽微な建設工事のみを請け負う者を除き，建設業の許可を得なければならない。
2. 国又は地方公共団体が発注者である建設工事を請け負う者は，特定建設業の許可を受けていなければならない。
3. 建設業の許可は，5年ごとにその更新を受けなければ，その期間の経過によって，その効力を失う。
4. 許可を受けようとする建設業に係る建設工事に関し10年以上実務の経験を有する者は，その一般建設業の営業所ごとに置かなければならない専任の技術者になることができる。

解説

特定建設業の許可は必要ない。特定建設業の許可は下請代金の総額により必要になる。

【関連問題３】

建設業の許可に関する記述として，「建設業法」上，誤っているものはどれか。

1. 特定建設業を営もうとする者は国土交通大臣の，一般建設業を営もうとする者は都道府県知事の許可を受けなければならない。
2. 一般建設業の許可は，5年ごとにその更新を受けなければ，その期間の経過によって，その効力を失う。
3. 電気工事業に係る一般建設業の許可を受けた者が，電気工事業に係る特定建設業の許可を受けたときは，その一般建設業の許可は効力を失う。
4. 建設業者は，許可を受けた建設業に係る建設工事を請け負う場合においては，当該建設工事に附帯する他の建設業に係る建設工事を請け負うことができる。

解説

二以上の都道府県の場合にあっては国土交通大臣の，一の都道府県の区域内のみの場合は**都道府県知事の許可**を受けなければならない。**一般建設業と特定建設業**との違いは**下請代金の総額**により定まる。

【関連問題４】

建設業の許可に関する記述として，「建設業法」上，誤っているものはどれか。

1. 建設業を営もうとする者は，政令で定める軽微な建設工事のみを請け負う者を除き，建設業法に基づく許可を受けなければならない。
2. 建設業の許可は，発注者から直接請け負う一件の請負代金の額により，特定建設業と一般建設業に分けられる。
3. 建設業の許可は，建設工事の種類に対応する建設業ごとに受けなければならない。
4. 都道府県知事の許可を受けた建設業者であっても，他の都道府県において営業することができる。

解 説

一般建設業と**特定建設業**との違いは**下請代金の総額**の違いである。**請負代金**の違いではない。

【関連問題５】

建設業に関する記述として，「建設業法」上，誤っているものはどれか。

1. 建設業とは，元請，下請その他いかなる名義をもってするかを問わず，建設工事の完成を請け負う営業をいう。
2. 元請負人とは，下請契約における注文者で建設業者であるものをいう。
3. 一般建設業の許可を受けた者が，当該許可に係る建設業について，特定建設業の許可を受けたときは，当該建設業に係る一般建設業の許可は，その効力を失う。
4. 特定建設業を営もうとする者が，一の都道府県の区域内にのみ営業所を設けて営業をしようとする場合は，国土交通大臣の許可を受けなければならない。

解 説

特定建設業を営もうとする者が，**一の都道府県の区域内**にのみ営業所を設けて営業をしようとする場合は，**都道府県知事の許可**を受けなければならない。**特定建設業**の許可は**下請代金の総額**により定まるものである。

【重要問題 201】（一般建設業の許可）

一般建設業の許可を受けた電気工事業者に関する記述として,「建設業法」上，誤っているものはどれか。

1. 二以上の都道府県の区域内に営業所を設けて営業しようとする場合は,それぞれの所在地を管轄する都道府県知事の許可を受けなければならない。
2. 発注者から直接請け負った電気工事を施工する場合は，総額が政令で定める金額以上の下請契約を締結することができない。
3. 電気工事を請け負う場合は，当該電気工事に附帯する他の建設業に係る建設工事を請け負うことかできる。
4. 営業所ごとに置く専任の技術者を変更した場合は，変更の届出を行わなければならない。

二以上の都道府県の場合にあっては国土交通大臣の許可を受けなければならない。

【重要問題 202】（指定建設業）

「建設業法」上，指定建設業として定められていないものはどれか。

1. 造園工事業
2. 管工事業
3. 機械器具設置工事業
4. 電気工事業

機械器具設置工事業は定められていない。

【関連問題】

「建設業法」上，指定建設業として定められていないものはどれか。

1. 建築工事業
2. 土木工事業
3. 電気通信工事業
4. 舗装工事業

解 説

電気通信工事業は定められていない。

【重要問題 203】（請負契約書）

建設工事の請負契約書に記載しなければならない事項として，「建設業法」上，定められていないものはどれか。

1. 各当事者の債務の不履行の場合における遅延利息，違約金その他の損害金
2. 契約に関する紛争の解決方法
3. 工事完成後における請負代金の支払の時期及び方法
4. 現場代理人の氏名及び経歴

現場代理人の氏名及び経歴は定められていない。この他に，工事内容，請負代金の額，工事着手の時期及び工事完成の時期などが定められている。

解答

【重要問題 200】 1　【関連問題 1】 1　【関連問題 2】 2
【関連問題 3】 1　【関連問題 4】 2
【関連問題 5】 4
【重要問題 201】 1
【重要問題 202】 3　【関連問題】 3
【重要問題 203】 4

2．建設業法その2

（解答はP. 188）

《学習内容》

主任技術者，監理技術者について学びます。法改正情報　P 188 参照。

【重要問題 204】（主任技術者）

営業所に置く主任技術者に関する次の記述のうち，[　　] に当てはまる語句の組合せとして，「建設業法」上，正しいものはどれか。

「[ア]，電気工事に関し [イ] 以上の実務経験を有する第三種電気主任技術者は，一般建設業を営む電気工事業の営業所に置く主任技術者になることができる。」

	ア	イ
1.	試験合格後	3　年
2.	試験合格後	5　年
3.	免状交付後	3　年
4.	免状交付後	5　年

免状交付後５年以上の実務経験が必要である。

【関連問題】

電気工事の工事現場に置く主任技術者になることが認められる者として，「建設業法」上，誤っているものはどれか。

1. 第１種電気工事士の資格を有する者
2. ２級電気工事施工管理技士の資格を有する者
3. 電気工事に関し５年の実務経験を有する者
4. 学校教育法による大学の電気工学科を卒業した後，電気工事に関し３年の実務経験を有する者

解説

電気工事に関し 10 年の実務経験を有する者は主任技術者になることが出来る。

【重要問題 205】（主任技術者及び監理技術者）

主任技術者及び監理技術者に関する次の記述のうち，［　　］に当てはまる金額の組合せとして，「建設業法」上，正しいものはどれか。

「公共性のある施設若しくは工作物又は多数の者が利用する施設若しくは工作物に関する重要な建設工事で，工事１件の請負代金の額が［ア］（当該建設工事が建築一式工事である場合にあっては，［イ］）以上のものに置かなければならない主任技術者又は監理技術者は，工事現場ごとに専任の者でなければならない。」

	ア	イ
1.	3000 万円	6000 万円
2.	3000 万円	8000 万円
3.	4000 万円	6000 万円
4.	4000 万円	8000 万円

下請負契約の大小による**監理技術者**の設置の工事規模は電気工事で**4500万円以上**，**建築一式工事**で**7000 万円**なので混同しないように注意が必要である。

なお，主任技術者又は監理技術者は工事現場ごとに専任の者であることが原則であるが，監理技術者補佐（1級技士補又は1級施工管理技士等）を専任で配置した場合，特例としてその監理技術者（特例監理技術者という）は２現場の兼務が可能となっている。

【関連問題 1】

建設現場に置く技術者に関する記述として，「建設業法」上，誤っているものはどれか。

1. 専任の者でなければならない監理技術者は，発注者から請求があったときは，監理技術者資格者証を提示しなければならない。
2. 主任技術者及び監理技術者は，建設工事の施工に従事する者の技術上の指導監督の職務を誠実に行わなければならない。
3. 一般建設業の許可を受けた電気工事業者は，下請負人として電気工事を請け負った場合，その請負代金の額にかかわらず，当該工事現場に主任技術者を置かなければならない。
4. 発注者から直接電気工事を請け負った特定建設業者は，下請契約の請負代金の総額にかかわらず当該工事現場に監理技術者を置かなければならない。

解 説

下請契約の請負代金の総額が 4500 万円以上の場合は，監理技術者を置かなければならない。

【関連問題 2】

建設現場に置く技術者に関する記述として，「建設業法」上，誤っているものはどれか。

1. 2級電気工事施工管理技士の資格を有する者は，電気工事の主任技術者になることができる。
2. 主任技術者は，当該建設工事の施工に従事する者の技術上の指導監督の職務を誠実に行わなければならない。
3. 専任の者でなければならない監理技術者は，発注者から請求があったときは，監理技術者資格者証を提示しなければならない。
4. 発注者から直接電気工事を請け負った特定建設業者は，請け負った工事について，下請契約を行わず自ら施工した場合でも，監理技術者を置かなければならない。

解 説

自ら施工した場合は，監理技術者を置かなくともよいが，主任技術者は必要である。

【関連問題 3】

建設工事の施工技術の確保に関する記述として，「建設業法」上，誤っているものはどれか。

1. 主任技術者及び監理技術者は，当該建設工事の施工に従事する者の技術上の指導監督の職務を誠実に行わなければならない。
2. 監理技術者資格者証を必要とする工事の監理技術者は，発注者から請求があったときは監理技術者資格者証を提示しなければならない。
3. 発注者から直接電気工事を請け負った一般建設業の許可を受けた電気工事業者は，当該工事現場に主任技術者を置かなければならない。
4. 下請負人として電気工事の一部を請け負った特定建設業の許可を受けた電気工事業者は，当該工事現場に監理技術者を置かなければならない。

解説

特定建設業の許可を受けた電気工事業者であっても下請負人として工事を行う場合には，主任技術者を置けばよい。

【関連問題４】

工事現場における主任技術者又は監理技術者に関する記述として，「建設業法」上，誤っているものはどれか。

1. ２級電気工事施工管理技士は，工事現場における電気工事の監理技術者になることができる。
2. 公共性のある施設に関する重要な建設工事で政令で定めるものを請け負った場合，その現場に置く主任技術者又は監理技術者は，工事現場ごとに専任の者でなければならない。ただし，監理技術者にあっては，監理技術者の職務を補佐する監理技術者補佐を工事現場に専任で置いた場合，監理技術者の兼務が認められる。
3. 一般建設業の許可を受けた電気工事業者は，下請負人として電気工事を請け負った場合，その請負金額にかかわらず，当該工事現場に主任技術者を置かなければならない。
4. 主任技術者及び監理技術者は，当該建設工事の施工計画の作成，工程管理，品質管理その他の技術上の管理を行わなければならない。

解説

２級電気工事施工管理技士は，主任技術者になることができる。

法改正情報

近年の工事費の上昇を踏まえ，金額要件の見直しにより，下記の金額が変更されています。(建設業法施行令の一部を改正する政令 令和５年１月１日施行)

	改正前	改正後
特定建設業の許可・監理技術者の配置・施工体制台帳の作成を要する下請代金額の下限	4000万円 (6000万円)	**4500万円 (7000万円)**
主任技術者及び監理技術者の専任を要する請負代金額の下限	3500万円 (7000万円)	**4000万円 (8000万円)**

(　　) 建築一式工事

解答

【重要問題 204】 4　【関連問題】 3

【重要問題 205】 4　【関連問題１】 4　【関連問題２】 4

【関連問題３】 4　【関連問題４】 1

3．電気関連法規その1

（解答は P. 192）

《学習内容》

電気工作物の定義，一般用電気工作物の受電の電圧，電気主任技術者免状，保安規程について学びます。

【重要問題 206】（電気工作物の定義）

電気工作物として，「電気事業法」上，定められていないものはどれか。

1. 電気鉄道用の変電所
2. 火力発電のために設置するボイラ
3. 水力発電のための貯水池及び水路
4. 電気鉄道の車両に設置する電気設備

解説

電気鉄道の車両に設置する電気設備，変電設備又は船舶に設置する発電機などは定められていない。

【重要問題 207】（一般用電気工作物の受電の電圧）

電気工作物に関する次の記述のうち，［　　　］に当てはまる値として，「電気事業法」上，正しいものはどれか。

「一般用電気工作物の受電の電圧は，［　　　］以下と定められている。」

1. 200 V
2. 400 V
3. 600 V
4. 750 V

600 V 以下と定められている。

【重要問題 208】（電気主任技術者免状）

事業用電気工作物について，第３種電気主任技術者免状の交付を受けている者が，保安の監督をすることができる電圧の範囲として，「電気事業法」上，定められているものはどれか。ただし，出力 5000 kW 以上の発電所は除くものとする。

1. 7000 V 未満
2. 25000 V 未満
3. 50000 V 未満
4. 170000 V 未満

第２種電気主任技術者免状では 170000 V 未満の事業用電気工作物の保安の監督をすることができる。

【重要問題 209】（保安規程）

保安規程に関する記述として，「電気事業法」上，定められていないものはどれか。

1. 保安規程は，事業用電気工作物の保安を監督する主任技術者が定める。
2. 保安規程には，事業用電気工作物の運転又は操作に関することを定める。
3. 保安規程は，保安を一体的に確保することが必要な事業用電気工作物の組織ごとに定める。
4. 事業用電気工作物を設置する者及びその従業者は，保安規程を守らなければならない。

事業用電気工作物を設置するものが定める。

【関連問題１】

自家用電気工作物の工事，維持及び運用に関する保安を確保するために，保安規程に必要な事項として，「電気事業法」上，定められていないものはどれか。

1. 災害その他非常の場合に採るべき措置に関すること。
2. 業務を管理する者の職務及び組織に関すること。
3. エネルギーの使用の合理化に関すること。
4. 保安についての記録に関すること。

解 説

エネルギーの使用の合理化に関することは，エネルギーの使用の合理化等に関する法律に定められている。

【関連問題２】

自家用電気工作物の保安規程に定める事項として，「電気事業法」上，定められていないものはどれか。

1. 電気工作物の運転又は操作に関すること。
2. 保安教育に関すること。
3. 工事，維持及び運用に従事する者の健康管理に関すること。
4. 保安のための巡視，点検及び検査に関すること。

解 説

健康管理に関することは定められていない。

【関連問題３】

保安規程に関する記述として，「電気事業法」上，誤っているものはどれか。

1. 事業用電気工作物を設置する者が定める。
2. 事業用電気工作物の工事，維持及び運用に関する保安を確保するために定める。
3. 保安を一体的に確保することが必要な事業用電気工作物の組織ごとに定める。
4. 事業用電気工作物の使用の開始後，遅滞なく届け出る。

解 説

使用の**開始前**に届け出る。

【関連問題４】

電気工作物に関する記述として，「電気事業法」上，誤っているものはどれか。

1. 一般用電気工作物を設置する者は，電気工作物の工事，維持及び運用に関する保安の監督をさせるため，主任技術者を選任しなければならない。
2. 自家用電気工作物を設置する者は，保安を一体的に確保することが必要な自家用電気工作物の組織ごとに保安規程を定めなければならない。
3. 電気工作物は，一般用電気工作物と事業用電気工作物に分けられる。
4. 事業用電気工作物は，電気事業の用に供する電気工作物と自家用電気工作物に分けられる。

解説

事業用電気工作物を設置する者は，電気工作物の工事，維持及び運用に関する保安の監督をさせるため，**主任技術者**を選任しなければならない。

解答

【重要問題 206】 4
【重要問題 207】 3
【重要問題 208】 3
【重要問題 209】 1　【関連問題１】 3　【関連問題２】 3
【関連問題３】 4　【関連問題４】 1

4．電気関連法規その2

（解答はP. 195）

《学習内容》

電気工事士等，電気工事士でなくとも従事できる工事，第一種電気工事士が従事できる作業について学びます。

【重要問題210】（電気工事士等）

電気工事士等に関する記述として，「電気工事士法」上，誤っているものはどれか。

1. 特種電気工事資格者認定証は，都道府県知事が交付する。
2. 特種電気工事資格者は，認定証の交付を受けた特殊電気工事の作業に従事することができる。
3. 認定電気工事従事者認定証は，経済産業大臣が返納を命ずることができる。
4. 認定電気工事従事者は，自家用電気工作物に係る簡易電気工事の作業に従事することができる。

解説

特種電気工事資格者認定証及び認定電気工事従事者認定証は経済産業大臣が交付する。

【関連問題】

電気工事士等に関する記述として，「電気工事士法」上，誤っているものはどれか。

1. 特殊電気工事の種類には，ネオン工事と非常用予備発電装置工事がある。
2. 第1種電気工事士は，一般用電気工作物に係る電気工事の作業に従事することができる。
3. 第2種電気工事士は，自家用電気工作物に係る簡易電気工事の作業に従事することができる。
4. 電気工事士免状は，都道府県知事が交付する。

解説

自家用電気工作物に係る簡易電気工事の作業に従事するには，認定電気工事従事者認定証が必要である。

【重要問題 211】（電気工事士でなくとも従事できる工事）

一般用電気工作物に係る作業のうち，「電気工事士法」上，電気工事士でなくても従事できる作業はどれか。

1. 電線管に電線を収める作業
2. 地中電線用の管を設置する作業
3. 配電盤を造営材に取り付ける作業
4. 金属製のボックスを造営材に取り付ける作業

地中電線用の管を設置する作業は，軽微な作業として電気工事士でなくとも従事出来る。

【関連問題 1】

一般用電気工作物において，「電気工事士法」上，電気工事士でなければ従事してはならない作業から除かれているものはどれか。

1. 電線管を曲げる作業
2. ダクトに電線を収める作業
3. 接地極を地面に埋設する作業
4. 電力量計を取り付ける作業

解説

電力量計を取り付ける作業は，軽微な作業として電気工事士でなくとも従事出来る。

【関連問題 2】

一般用電気工作物に係る電気工事の作業のうち，「電気工事士法」上，電気工事士でなければ従事してはならない作業から除かれているものはどれか。

1. 電線管とボックスを接続する作業
2. 電線管に電線を収める作業
3. 埋込型点滅器を取り換える作業
4. 露出型コンセントを取り換える作業

解説

露出型コンセントを取り換える作業は，軽微な作業として電気工事士でなくとも従事出来る。

【重要問題 212】（第 1 種電気工事士が従事できる作業）

自家用電気工作物において，第 1 種電気工事士が従事できる作業として，「電気工事士法」上，誤っているものはどれか。

1. 接地極を地面に埋設する作業
2. 6 kV の高圧配電盤を造営材に取り付ける作業
3. 600 V を超えて使用する電動機に電線を接続する作業
4. ネオン用として設置するネオン管に電線を接続する作業

ネオン管に電線を接続する作業は，**特種電気工事資格者**が行う。

【関連問題】

自家用電気工作物において，第 1 種電気工事士が従事できる作業として，「電気工事士法」上，誤っているものはどれか。

1. 電圧が 600 V を超えて使用する電気機器に電線を接続する作業。
2. 電線，電線管が造営材を貫通する部分に防護装置を取付ける作業。
3. 非常用予備発電機として設置される原動機，発電機，配電盤に係る電気工事の作業。
4. 接地線を接地極と接続し，又は接地極を地面に埋設する作業。

解 説

非常用予備発電機として設置される原動機，発電機，配電盤に係る電気工事の作業は，**特種電気工事資格者**が行わなければならない。

解答

【重要問題 210】 1　【関連問題】 3
【重要問題 211】 2　【関連問題 1】 4　【関連問題 2】 4
【重要問題 212】 4　【関連問題】 3

5．電気関連法規その3

（解答は P. 200）

《学習内容》

営業所ごとに備える帳簿，主任電気工事士，営業所に備える器具，電気用品の定義，特定電気用品の表示，電気用品，有線電気通信法について学びます。

【重要問題 213】（営業所ごとに備える帳簿）

電気工事業者が営業所ごとに備える帳簿において，電気工事ごとに記載しなければならない事項として，「電気工事業の業務の適正化に関する法律」上，定められていないものはどれか。

1. 営業所の名称および所在の場所
2. 電気工事の種類および施工場所
3. 注文者の氏名または名称および住所
4. 主任電気工事士等および作業者の氏名

営業所の名称および所在の場所は，定められていない。この他に，施工年月日，配線図，検査結果が定められている。

【重要問題 214】（主任電気工事士）

登録電気工事業者が，一般用電気工事の業務を行う営業所ごとに置く主任電気工事士になることができる者として，「電気工事業の業務の適正化に関する法律」に，定められているものはどれか。

1. 第1種電気工事士
2. 認定電気工事従事者
3. 第3種電気主任技術者
4. 1級電気工事施工管理技士

第1種電気工事士又は第2種電気工事士免状の交付を受けた後，所定の経験を有するものが主任電気工事士になることができる。

【関連問題】

主任電気工事士の設置に関する次の文章中，[　　] に当てはまる語句の組合せとして，「電気工事業の業務の適正化に関する法律」上，正しいものはどれか。

「登録電気工事業者は，[イ] に係る電気工事の業務を行う [ロ] ごとに，その作業を管理させるため，主任電気工事士を置かなければならない。」

	イ	ロ
1.	自家用電気工作物	現　場
2.	自家用電気工作物	営業所
3.	一般用電気工作物	現　場
4.	一般用電気工作物	営業所

解説

一般用電気工作物に係る電気工事の業務を行う**営業所**ごとに，その作業を管理させるため，**主任電気工事士**を置かなければならない。

【重要問題 215】（営業所に備える器具）

電気工事業者が，一般用電気工事のみの業務を行う営業所に備えなければならない器具として，「電気工事業の業務の適正化に関する法律」上，定められていないものはどれか。

1. 低圧検電器
2. 絶縁抵抗計
3. 接地抵抗計
4. 抵抗及び交流電圧を測定することができる回路計

解説

低圧検電器は定められていない。2.～4. が定められているものである。

【重要問題 216】（電気用品の定義）

電気用品の定義に関する次の文章中，[　　] に当てはまる語句の組合せとして，「電気用品安全法」上，定められているものはどれか。

この法律において電気用品とは，次に掲げる物をいう。

一 イ の部分となり，又はこれに接続して用いられる機械，器具又は材料であって，政令で定めるもの

二 ロ であって，政令で定めるもの

三　蓄電池であって，政令で定めるもの

	イ	ロ
1.	一般用電気工作物	携帯発電機
2.	一般用電気工作物	太陽電池発電設備
3.	自家用電気工作物	携帯発電機
4.	自家用電気工作物	太陽電池発電設備

一般用電気工作物の部分となるものと，**携帯発電機**である。

【重要問題 217】（特定電気用品の表示）

特定電気用品に表示する記号として，「電気用品安全法」上，正しいものはどれか。

1.

2.

3.

4. PS C

PS E は，**特定電気用品以外の電気用品**の記号である。

【重要問題 218】（電気用品）

電気工事に使用する機材の種類のうち，「電気用品安全法」上，電気用品として定められていないものはどれか。

1. 600 V 架橋ポリエチレン絶縁ビニルシースケーブル（CVT 22 mm²）
2. 呼び方 E 31 のねじなし電線管

3. 300 mm×300 mm×200 mm の金属製プルボックス
4. 幅 40 mm 高さ 30 mm の二種金属製線ぴ

大きさに関わらず金属製プルボックスは定められていない。

【関連問題】

電気工事に使用する機材のうち，「電気用品安全法」上，電気用品として定められていない種類はどれか。

1. ケーブルラック
2. ヒューズ
3. 配線器具
4. 電線管

解 説

ケーブルラックや金属製プルボックスは，一般的に自家用電気工作物の配線工事に用いられるものなので電気用品に定められていない。

【重要問題 219】（有線電気通信法）

有線電気通信設備に関する記述として，「有線電気通信法」上，誤っているものはどれか。ただし，交通に支障を及ぼすおそれが少ない場合で工事上やむを得ないとき，または車両の運行に支障を及ぼすおそれがない場合を除くものとする。

1. 架空電線（通信線）が横断歩道橋の上にあるときは，その路面から 3 m の高さとした。
2. 架空電線（通信線）が鉄道又は軌道を横断するときは，軌条面から 6 m の高さとした。
3. ケーブルを使用した地中電線（通信線）と高圧の地中強電流電線との離隔距離が 10 cm 未満となるので，その間に堅ろうかつ耐火性の隔壁を設けた。
4. 公道に施設した電柱の昇降に使用するねじ込み式の足場金具を，地表上 1.5 m の高さに取り付けた。

足場金具を，地表上 1.8 m 以上の高さに取り付ける。

【関連問題】

有線電気通信設備に関する次の文章中，［　　］に当てはまる架空電線の高さとして，「有線電気通信法」上，定められているものはどれか。

「架空電線が鉄道又は軌道を横断するときは，軌条面から［　　］（車両の運行に支障を及ぼすおそれがない高さが［　　］より低い場合は，その高さ）以上であること。」

1. 5 m
2. 6 m
3. 7 m
4. 8 m

解 説

6 m 以上である。

解答

【重要問題 213】 1

【重要問題 214】 1　　【関連問題】 4

【重要問題 215】 1

【重要問題 216】 1

【重要問題 217】 1

【重要問題 218】 3　　【関連問題】 1

【重要問題 219】 4　　【関連問題】 2

6．建築基準法

（解答は P. 202）

《学習内容》

建築物の主要構造部，特殊建築物，建築設備について学びます。

【重要問題 220】（建築物の主要構造部）

建築物の主要構造部として，「建築基準法」上，定められていないものはどれか。

1. 壁　　2. 柱　　3. はり　　4. 基礎

基礎は定められていない。この他に，屋根又は階段が定められている。

【重要問題 221】（特殊建築物）

次の用途に供する建築物のうち特殊建築物として，「建築基準法」上，定められていないものはどれか。

1. 学校　　2. 寄宿舎　　3. 事務所　　4. 工場

事務所は定められていない。この他に，体育館，共同住宅などがある。

【関連問題】

特殊建築物として，「建築基準法」上，定められていないものはどれか。

1. 学校　　2. 汚物処理場　　3. プラットホームの上家　　4. 旅館

解説

プラットホームの上家は，建築物でも特殊建築物でもない。

【重要問題 222】（建築設備）

建築設備として，「建築基準法」上，定められていないものはどれか。ただし，建築物に設けるものとする。

1. 排煙設備　　2. 汚物処理の設備　　3. 避難はしご　　4. 避雷針

避難はしごは，消防用設備である。

【関連問題 1】

建築設備として，「建築基準法」上，定められていないものはどれか。ただし，建築物に設けるものとする。

1. 避雷針　2. 汚物処理の設備　3. 昇降機　4. 誘導標識

解説

誘導標識は，消防用設備の避難設備である。

【関連問題 2】

建築設備として，「建築基準法」上，定められていないものはどれか。ただし，建築物に設けるものとする。

1. 電気設備　2. 昇降機　3. 煙　突　4. 非常用の進入口

解説

非常用の進入口は定められていない。

【関連問題 3】

建築物等に関する記述として，「建築基準法」上，誤っているものはどれか。

1. 体育館は，特殊建築物である。
2. 屋根は，主要構造部である。
3. 防火戸は，建築設備である。
4. ロックウールは，不燃材料である。

解説

防火戸は防火設備である。

解答

【重要問題 220】 4

【重要問題 221】 3　【関連問題】 3

【重要問題 222】 3　【関連問題 1】 4　【関連問題 2】 4　【関連問題 3】 3

7．消防法

（解答は P. 205）

《学習内容》

消防設備士が行う工事，消防設備士の免状の種類等，消防用設備等について学びます。

【重要問題 223】（消防設備士が行う工事）

消防用設備等の設置に係る工事のうち，消防設備士でなければ行ってはならない工事として，「消防法」上，定められていないものはどれか。ただし，電源，水源及び配管の部分を除くものとする。

1. 非常警報設備
2. 自動火災報知設備
3. 屋外消火栓設備
4. 粉末消火設備

非常警報設備は定められていない。

【関連問題】

消防用設備等の設置に係る工事のうち，消防設備士でなければ行ってはならない工事として，「消防法」上，定められていないものはどれか。ただし，電源の部分を除く。

1. 泡消火設備
2. 誘導灯
3. ハロゲン化物消火設備
4. 消防機関へ通報する火災報知設備

解説

誘導灯は定められていない。電気工事士が行う。

【重要問題 224】（消防設備士の免状の種類等）

消防設備士に関する記述として，「消防法」上，誤っているものはどれか。

1. 甲種消防設備士の免状の種類は，第１類から第５類及び特類の指定区分に分かれている。
2. 乙種消防設備士の免状の種類は，第１類から第７類の指定区分に分かれている。
3. 自動火災報知設備の電源部分の工事は，第４類の甲種消防設備士が行わなければならない。
4. 消防設備士は，都道府県知事等が行う工事又は整備に関する講習を受けなければならない。

電源部分の工事は，**電気工事士**が行う。

【関連問題】

消防設備士に関する記述として，「消防法」上，誤っているものはどれか。

1. 消防設備士免状の種類には，甲種消防設備士免状及び乙種消防設備士免状がある。
2. 乙種消防設備士の免状の種類は，第１類から第７類の指定区分に分かれている。
3. 乙種消防設備士は，政令で定める消防用設備の工事を行うことができる。
4. 政令で定める消防用設備等の工事を行うときは，着工届出書を消防長又は消防署長に提出しなければならない。

解説

乙種消防設備士は，消防用設備の**整備**を行うことができる。

【重要問題 225】（消防用設備等）

消防用設備等として，「消防法」上，定められていないものはどれか。

1. 消火器
2. 不活性ガス消火設備
3. 誘導標識

4. 非常用の照明装置

非常用の照明装置は，「建築基準法」上の**避難用の建築設備**である。

【関連問題】

消防用設備等のうち消火活動上必要な施設として，「消防法」上，定められていないものはどれか。

1. 排煙設備
2. 連結散水設備
3. 自動火災報知設備
4. 非常コンセント設備

解 説

自動火災報知設備は，**警報設備**である。**消火活動上必要な施設**としてこの他に，**連結送水管**，**無線通信補助設備**がある。

解答

【重要問題 223】 1　【関連問題】 2
【重要問題 224】 3　【関連問題】 3
【重要問題 225】 4　【関連問題】 3

8．労働安全衛生法

（解答は P. 209）

《学習内容》

統括安全衛生責任者，安全衛生推進者，安全管理者，安全衛生教育について学びます。

【重要問題 226】（統括安全衛生責任者）

特定元方事業者が選任した統括安全衛生責任者が統括管理すべき事項のうち，技術的事項を管理させる者として，「労働安全衛生法」上，定められているものはどれか。

1. 安全管理者
2. 店社安全衛生管理者
3. 総括安全衛生管理者
4. 元方安全衛生管理者

元方安全衛生管理者が定められている。

【関連問題】

建設工事現場の統括安全衛生責任者が統括管理しなければならない事項として，「労働安全衛生法」上，定められていないものはどれか。

1. 関係請負人の安全衛生責任者を選任すること。
2. 作業間の連絡及び調整を行うこと。
3. 関係請負人が行う労働者の安全又は衛生のための教育に対する指導及び援助を行うこと。
4. 仕事の工程に関する計画及び作業場所における機械，設備等の配置に関する計画を作成すること。

解説

関係請負人の安全衛生責任者を選任することは定められていない。

【重要問題 227】（安全衛生推進者）

建設業における安全衛生推進者に関する記述として，「労働安全衛生法」上，誤っているものはどれか。

1. 事業者は，常時10人以上50人未満の労働者を使用する事業場において安全衛生推進者を選任しなければならない。
2. 事業者は，選任すべき事由か発生した日から20日以内に安全衛生推進者を選任しなければならない。
3. 事業者は，都道府県労働局長の登録を受けた者が行う講習を修了した者から安全衛生推進者を選任することができる。
4. 事業者は，選任した安全衛生推進者の氏名を作業場の見やすい箇所に掲示する等により，関係労働者に周知させなければならない。

選任すべき事由が発生した日から14日以内に選任しなければならない。

【重要問題 228】（安全管理者）

建設業における安全管理者に関する記述として，「労働安全衛生法」上，誤っているものはどれか。

1. 事業者は，安全管理者を選任すべき事由が発生した日から30日以内に選任しなければならない。
2. 事業者は，常時使用する労働者が50人以上となる事業場には，安全管理者を選任しなければならない。
3. 事業者は，安全管理者を選任したときは，当該事業所の所轄労働基準監督署長に報告書を提出しなければならない。
4. 事業者は，安全管理者に，労働者の危険を防止するための措置に関する技術的事項を管理させなければならない。

14日以内に選任しなければならない。

【重要問題 229】（安全衛生教育）

事業者が労働者に安全衛生教育を行わなければならない場合として，「労働安全衛生法」上，定められていないものはどれか。

1. 労働災害が発生したとき
2. 労働者を雇い入れたとき
3. 労働者の作業内容を変更したとき
4. 省令で定める有害な業務につかせるとき

解説

労働災害が発生したときは定められていない。

【関連問題 1】

建設業に従事する労働者に対する教育に関する次の文章中，［　　］に当てはまる語句の組合せとして，「労働安全衛生法」上，定められているものはどれか。

「事業者は，労働者を雇い入れ，又は労働者の［ イ ］を変更したときは，当該労働者に対し，その従事する業務に関する［ ロ ］のため必要な事項について，教育を行わなければならない。」

	イ	ロ
1.	作業内容	安全又は衛生
2.	作業内容	品質管理
3.	作業場	安全又は衛生
4.	作業場	品質管理

解説

事業者は，労働者を雇い入れ，又は労働者の**作業内容**を変更したときは，当該労働者に対し，**安全又は衛生**のため必要な事項について，教育を行なわなければならない。

【関連問題 2】

労働者の就業に当たっての措置に関する次の文章中，［　　］に当てはまる語句の組合せとして，「労働安全衛生法」上，適当なものはどれか。

「事業者は，［ イ ］業務で，厚生労働省令で定めるものに労働者をつかせるときは，当該業務に関する安全又は衛生のための［ ロ ］を行なわなければならない。」

	イ	ロ
1.	危険又は有害な	特別の教育
2.	危険又は有害な	技能講習
3.	新たな	特別の教育
4.	新たな	技能講習

解説

事業者は，危険又は有害な業務に労働者をつかせるときは，安全又は衛生のための特別の教育を行なわなければならない。

解答

【重要問題 226】 4　【関連問題】 1

【重要問題 227】 2

【重要問題 228】 1

【重要問題 229】 1　【関連問題 1】 1　【関連問題 2】 1

9．労働安全衛生規則

（解答は P. 212）

《学習内容》

事故報告等，感電の防止，安全装置等の有効保持について学びます。

【重要問題 230】（事故報告等）

事故報告に関する次の記述のうち，［　　］に当てはまる語句の組合せとして，「労働安全衛生法」上，正しいものはどれか。

「事業者は，事業場で研削といしの破裂の事故が発生したときは，［ア］，報告書を［イ］に提出しなければならない。」

	ア	イ
1.	遅滞なく	都道府県知事
2.	遅滞なく	所轄労働基準監督署長
3.	24 時間以内に	都道府県知事
4.	24 時間以内に	所轄労働基準監督署長

研削といしの破裂等の事故が発生したときは，遅滞なく，報告書を所轄労働基準監督署長に提出しなければならない。

【関連問題】

事業者が労働基準監督署長に提出しなければならない報告書に関する記述として，「労働安全衛生法」上，誤っているものはどれか。

1. 事業場で火災が発生したときは，遅滞なく，報告書を提出しなければならない。
2. ゴンドラのワイヤロープが切断した事故が発生したときは，遅滞なく，報告書を提出しなければならない。
3. 死亡又は休業 4 日以上の休業を要する労働災害が発生したときは，遅滞なく，報告書を提出しなければならない。
4. 休業の日数が 4 日に満たない労働災害が発生したときは，1 年分をまとめて，翌年 1 月末日までに，報告書を提出しなければならない。

解　説

休業の日数が４日に満たないときは，報告書をそれぞれの定められた期間における最後の月の翌月末日までに，所轄労働基準監督署長に提出しなければならない。

【重要問題 231】（感電の防止）

漏電による感電の防止に関する次の文章中，［　　］に当てはまる語句の組合せとして，「労働安全衛生法」上，定められているものはどれか。

「移動式の電動機械器具で［ イ ］が［ ロ ］を超えるものが接続される電路には，感電防止用漏電遮断装置を接続しなければならない。」

	イ	ロ
1.	使用電圧	100 V
2.	使用電圧	200 V
3.	対地電圧	150 V
4.	対地電圧	300 V

移動式の電動機械器具で対地電圧が 150 V を超えるものが接続される電路には，感電防止用漏電遮断装置を接続しなければならない。

【関連問題】

労働者の感電の危険を防止するための措置に関する記述として，「労働安全衛生法」上，定められていないものはどれか。

1. 電気機械器具の充電部分で，作業中に接触し，感電のおそれのあるものには，「感電注意」の標識を取り付けること。
2. 移動電線については，絶縁被覆が損傷していることにより，感電の危険が生ずることを防止する措置を講じること。
3. 電気機械器具の操作部分については，必要な照度を保持すること。
4. 移動電線に接続する手持型の電燈には，ガードを取り付けること。

解　説

感電を防止するための囲い又は絶縁覆いを設けなければならない。

【重要問題 232】（安全装置等の有効保持）

安全装置等の有効保持に関する記述として，「労働安全衛生法」上，誤っているものはどれか。

1. 労働者は，安全装置等を取りはずし，又はその機能を失わせないこと。
2. 事業者は，安全装置等が有効な状態で使用されるよう，それらの点検及び整備を行なわなければならない。
3. 労働者は，事業者の許可を受けずに臨時に安全装置等を取りはずしたときは，作業終了後事業者に申し出ること。
4. 事業者は，労働者から安全装置等がその機能を失っている旨の申し出があったときは，すみやかに，適当な措置を講じなければならない。

労働者は，事業者の許可を受けずに臨時に安全装置等を取りはずしたときは，あらかじめ，事業者の許可を受けなければならない。

【関連問題】

電気機械器具の感電防止措置に関する次の文章中，［　　］に当てはまる語句として，「労働安全衛生法」上，定められているものはどれか。

「電気機械器具の充電部分で労働者が作業中又は通行の際に，接触するおそれのあるものについては，感電を防止するための囲い又は絶縁覆いを設け，それらについて，［　　］1回以上，その損傷の有無を点検しなければならない。」

1. 毎日
2. 毎週
3. 毎月
4. 毎年

解説

毎月1回以上，その損傷の有無を点検しなければならない。

解答

【重要問題 230】 2 【関連問題】 4
【重要問題 231】 3 【関連問題】 1
【重要問題 232】 3 【関連問題】 3

10. 労働基準法

（解答はP. 215）

《学習内容》

労働者名簿，労働契約等，就業制限，労働契約の締結について学びます。

【重要問題 233】（労働者名簿）

使用者が労働者名簿に記入しなければならない事項として，「労働基準法」上，定められていないものはどれか。

1. 労働者の労働時間数
2. 従事する業務の種類
3. 退職の年月日及びその事由
4. 死亡の年月日及びその原因

労働者の労働時間数は，定められていない。

【関連問題】

使用者が労働者名簿に記入しなければならない事項として，「労働基準法」上，定められていないものはどれか。

1. 労働者の履歴
2. 労働者の労働日数
3. 労働者の住所
4. 労働者の雇入の年月日

解 説

労働者の労働日数は，定められていない。労働日数及び労働時間数は賃金台帳の記載事項である。

【重要問題 234】（労働契約等）

労働契約等に関する記述として，「労働基準法」上，誤っているものはどれか。

1. 使用者は，満 18 才に満たない者を坑内で労働させてはならない。

第5章 法規

2. 使用者は，労働契約の不履行について違約金を定め，又は損害賠償額を予定する契約をしてはならない。
3. 使用者は，労働者名簿，賃金台帳及び雇入，解雇その他労働関係に関する重要な書類を1年間保存しなければならない。
4. 労働契約で明示された労働条件が事実と相違する場合においては，労働者は，即時に労働契約を解除することができる。

重要な書類を３年間保存しなければならない。

【重要問題 235】（就業制限）

使用者が満 18 歳に満たない者に就かせてはならない業務として，「労働基準法」上，定められていないものはどれか。

1. 深さが5m以上の地穴における業務
2. 動力により駆動される土木建築用機械の運転の業務
3. 地上又は床上における足場の組立又は解体の補助作業の業務
4. 電圧が 300 V を超える交流の充電電路の点検，修理又は操作の業務

地上又は床上における足場の組立又は解体の補助作業の業務は定められていない。

【関連問題】

満 18 歳に満たない者を就かせてはならない業務として，「労働基準法」上，定められていないものはどれか。

1. デリックの運転の業務
2. 足場の組立，解体又は変更の業務
3. 交流 300 V を超える電圧の充電電路の点検，修理の業務
4. 2人以上の者によって行うクレーンの玉掛けの業務における補助作業の業務

解　説

２人以上の者によって行うクレーンの玉掛けの業務における補助作業の業務は就かせてはならない業務から除かれている。

【重要問題 236】（労働契約の締結）

使用者が労働契約の締結に際し，労働者に対して書面の交付により明示しなければならない労働条件として，「労働基準法」上，定められていないものはどれか。

1. 労働契約の期間に関する事項
2. 所定労働時間を超える労働の有無に関する事項
3. 休憩時間，休日，休暇に関する事項
4. 福利厚生施設の利用に関する事項

福利厚生施設の利用に関する事項は定められていない。

【関連問題】

年少者に関する記述として，「労働基準法」上，誤っているものはどれか。

1. 親権者は，未成年者の賃金を代わって受け取ることができる。
2. 使用者は，満 18 才に満たない者について，その年齢を証明する戸籍証明書を事業場に備え付けなければならない。
3. 親権者は，労働契約が未成年者に不利であると認める場合においては，将来に向かってこれを解除することができる。
4. 使用者は，満 18 才に満たない者に，動力によるクレーンの運転をさせてはならない。

解説

親権者は，未成年者の賃金を代わって受け取ることができない。

解答

【重要問題 233】 1　【関連問題】 2
【重要問題 234】 3
【重要問題 235】 3　【関連問題】 4
【重要問題 236】 4　【関連問題】 1

11. その他の法規

（解答は P. 219）

《学習内容》

産業廃棄物，産業道路の占用許可申請書，公害の要因，ばい煙について学びます。

【重要問題 237】（産業廃棄物）

建設工事に伴って生じたもののうち産業廃棄物として，「廃棄物の処理及び清掃に関する法律」上，定められていないものはどれか。

1. 汚泥
2. 木くず
3. 陶磁器くず
4. 建設発生土

建設発生土は，「資源の有効な利用の促進に関する法律」第 2 条より，「指定副産物」として定められている。

【関連問題 1】

建設工事に伴って生じた廃棄物のうち，特別管理産業廃棄物として，「廃棄物の処理及び清掃に関する法律」上，定められているものはどれか。

1. 木くず
2. 廃プラスチック類
3. コンクリートの破片
4. 廃ポリ塩化ビフェニル

解 説

廃ポリ塩化ビフェニル，が定められている。

【関連問題 2】

産業廃棄物を保管する場所に設ける掲示板に表示する事項として，「廃棄物の処理及び清掃に関する法律」上，定められていないものはどれか。

1. 産業廃棄物の保管の場所である旨
2. 保管する産業廃棄物の種類
3. 保管の場所の管理者の氏名又は名称

4. 産業廃棄物の搬出予定日

解 説

搬出予定日は定められていない。

【重要問題 238】（産業道路の占用許可申請書）

道路の占用許可申請書に記載する事項として，「道路法」上，定められていないものはどれか。

1. 道路の復旧方法
2. 道路の占用の期間
3. 工作物，物件又は施設の構造
4. 工作物，物件又は施設の維持管理方法

工作物，物件又は施設の維持管理方法は，定められていない。

【関連問題】

道路の占用の許可を受けなければならない場合として，「道路法」上，定められていないものはどれか。

1. 電力引込みのために，電柱を道路に設置する。
2. 配電用のパッドマウント変圧器を道路に設置する。
3. 街路灯の電球を交換するために，作業用車両を道路に駐車する。
4. 道路の一部を掘削して，地中ケーブル用管路を道路に埋設する。

解 説

街路灯の電球を交換するために，作業用車両を道路に駐車するのは，道路交通法に該当する。

【重要問題 239】（公害の要因）

公害の要因として，「環境基本法」上，定められていないものはどれか。

1. 騒音
2. 悪臭
3. 妨害電波

4. 地盤の沈下

妨害電波は，定められていない。妨害電波は，電波法により定められている。

【関連問題】

公害の要因として「環境基本法」上，定められていないものはどれか。

1. 大気の汚染
2. 騒音
3. 日影
4. 振動

解説

日影は定められていない。

【重要問題 240】（ばい煙）

物の燃焼，合成等に伴い発生する物質のうち，「大気汚染防止法」上，ばい煙として定められていないものはどれか。

1. 鉛
2. 塩素
3. カドミウム
4. 一酸化炭素

一酸化炭素が定められていない。

【関連問題 1】

「大気汚染防止法」上，ばい煙として定められていないものはどれか。ただし，燃焼に伴い発生する物質とする。

1. 塩化水素
2. いおう酸化物
3. 二酸化炭素
4. 窒素酸化物

解 説

二酸化炭素は，定められていない。

【関連問題 2】

次の文章中，＿＿＿に当てはまる語句として，「大気汚染防止法」上，定められているものはどれか。

「ばい煙を大気中に排出する者は，ばい煙発生施設を設置しようとするとき，＿＿＿に届け出なければならない。」

1. 消防署長
2. 都道府県知事
3. 市町村長
4. 保健所長

解 説

都道府県知事，に届け出なければならない。

解答

【重要問題 237】 4	【関連問題 1】 4	【関連問題 2】 4
【重要問題 238】 4	【関連問題】 3	
【重要問題 239】 3	【関連問題】 3	
【重要問題 240】 4	【関連問題 1】 3	【関連問題 2】 2

第2編 第二次検定編

第1章 施工経験記述

1．安全管理に関する施工経験
2．工程管理に関する施工経験

学習のポイント

施工経験記述は実際に行った工事現場での安全に関する経験又は工程管理に関する経験が出題されます。当然のことながら各工事現場によりその状況が異なってきますので受検者が実際に遭遇した経験を具体的に記述するようにして下さい。第二次検定では記述式の問題が多くありますので普段から文章を書く練習も重要な試験勉強となります。最近ではワープロの普及により筆記する機会が少なくなっているので，意外に漢字が出てこないことがあります。第二次検定の学習では実際に解答を書いてみる訓練を行って下さい。文字を奇麗に書くことより，自分の知識を確実に伝えることは思った以上に難しいことです。普段の習慣が実際の試験会場で役立つことになるでしょう。

1．安全管理に関する施工経験

【重要問題１】

あなたが経験した**電気工事**について，次の問に答えなさい。

1－1　経験した電気工事について，次の事項を記述しなさい。

⑴　工事名 ＿＿＿＿＿＿＿＿＿＿＿＿＿＿＿＿

⑵　工事場所 ＿＿＿＿＿＿＿＿＿＿＿＿＿＿＿＿

⑶　電気工事の概要 ＿＿＿＿＿＿＿＿＿＿＿＿＿＿

⑷　工　期 ＿＿＿＿＿＿＿＿＿＿＿＿＿＿

⑸　この電気工事でのあなたの立場 ＿＿＿＿＿＿＿＿＿＿

⑹　あなたが担当した業務の内容 ＿＿＿＿＿＿＿＿＿＿

1－2　**上記の電気工事の現場**において，**安全管理上**，あなたが**留意した事項とその理由を２つ**あげ，あなたがとった**対策又は処置**を留意した事項ごとに具体的に記述しなさい。

ただし，対策の内容は重複しないこと。

なお，**保護帽の着用のみ**又は**安全帯**（要求性能墜落制止用器具）**の着用のみ**の記述については配点しない。

解答例

1－1

(1) 工事名　**○○ビルディング新築工事**

(2) 工事場所　**○県○市○町**

(3) 工事の概要　**RC 3 F 延床面積 3600 m², 受変電設備, 幹線動力設備, 電灯コンセント設備, キュービクル（動力計 250 kV・A, 電灯計 150 kV・A）**

(4) 工　期　**令和○○年○○月～令和○○年○○月**

(5) この電気工事でのあなたの立場　**現場代理人**

(6) あなたが担当した業務の内容　**施工管理**

1－2

(1) 留意事項1

機器の据えつけの工事の時期が梅雨どきから夏にかけての感電事故が発生しやすい時期であったので，漏電による感電事故を防止することに特に留意した。

理由として，過去の工事において梅雨の時期に漏電事故が起きたため。

(2) 留意事項2

工事現場に面している道路の交通量が多いので，材料・機器の搬入時に交通障害や通行人に危害を与えないように特に留意した。理由として，搬入が集中して，車両が入場できず，工事現場の付近の交通の流れを妨げた事があるから。

(1) 留意事項1の対策又は処置

①電動機械器具の接地の有無と漏電遮断器について使用前に点検させた。

②雨の日，工事前の安全点検を行った。

③安全対策を行った結果，漏電事故もなく無事工期内に終了した。

(2) 留意事項2の対策又は処置

①材料・機器の搬入時に選任の監視員を置き他の車両の妨げの防止や，通行

人の誘導を行った。

②毎日のTBM（ツールボックスミーティング）を利用して搬入時における KYK（危険予知活動）を実施した。

③安全対策を行った結果，事故もなく搬入は無事終了した。

1－1

⑴　工事名については建物名称とか地区名称などの固有名詞をまちがえないように記述して下さい。

⑵　工事場所は実際に行った地区の都道府県名，市または郡名および町村名を記入して下さい。忘れた場合でも記憶している範囲で必ず書いておきます。

⑶　工事の概要については概ね実務経験として認められる工事の種類として下さい。認められている電気工事の種別としては次のようになります。

①構内電気設備工事（非常用電気設備を含む）

建築物，トンネル，ダム等における受変電設備工事，自家用発電設備工事，動力電源工事，計装工事，航空灯設備工事，避雷針工事，建築物等の「○○電気設備工事」　等

②発電設備工事

発電設備工事，発電機の据付後の試運転，調性　等

③変電設備工事

変電設備工事，変電設備の据付後の試運転，調整　等

④送配電線工事

架空送電線工事，架線工事，地中送電線工事，電力ケーブル布設・接続工事　等

⑤引込線工事

⑥照明設備工事

屋外照明設備工事，街路灯工事，道路照明工事　等

⑦信号設備工事

交通信号工事，交通情報・制御・表示装置工事　等

⑧電車線工事

（鉄道に伴う）変電所工事，発電機工事，き電線工事，電車線工事，鉄

道信号・制御装置工事，鉄道用高圧線工事　等

⑨ネオン装置工事

なお，電気工事として認められない工事・業務についても試験機関ホームページにて詳しく掲載されていますので，各自参照してください。

工事の規模を示すものとして，建物の構造（SRC（鉄骨鉄筋コンクリート造），RC（鉄筋コンクリート造）等）と建築延床面積○○m^2を記入します。また，電気工事の規模を示すものとしてキュービクル動力○○kV・A，電灯○○kV・Aなどと書きます。自家用発電設備がある場合には，○○V○○kV・Aなどとします。

⑷　工期については実際に行った工期を正確に令和○○年○○月～令和○○年○○月というふうに記入して下さい。工事の概要にくらべて工期が短かったり，長かったりすると記述した内容が疑われますので十分に注意して下さい。

⑸　工事でのあなたの立場は請負者側としては現場代理人，主任技術者，監理技術者，現場技術員，現場事務所所長などがあります。また発注者側としては，現場監督員，主任監督員，工事監理者及び工事事務所所長などがあるので，この中から該当するものを選んで記入して下さい。

⑹　あなたが担当した業務の内容としては次のように分類できます。

①施工管理（請負者の立場での現場管理業務（現場施工含む））

②設計監理（設計者の立場での工事監理業務）

③施工監督（発注者の立場での工事監理業務）

1−2

⑴　留意事項とその理由

工事現場の安全管理の目的は作業員や工事現場の付近の人たちに危害をあたえないようにして，無事故で工事を終えることにあります。工事現場における安全管理を行う上で重要な項目は次のようになります。

①運搬災害の防止。

②墜落などによる危険の防止。

③火災の予防。

④機械器具などによる危険の防止。

⑤有資格者以外の就業制限。
⑥電気による危険の防止。
⑦その他の作業における危険の防止。
⑧現場での安全教育。

解答では上記の中から実際の工事中に生じた事項について，自分が最も留意したことを選んで解答します。工事の概要で記述した内容に相当するものとして下さい。記入の仕方としては，「〜の為に〜が生じたため〜に留意した」というように書くとよいでしょう。処置や対策については1−3で記入することになっているのでここでは留意点（問題点）とその理由のみを書くことに注意して下さい。

⑵　留意事項の対策又は処置

ここでは，**対策又は処置**した項目について簡潔でわかりやすい表現で記述して，その結果の成功例を記入して下さい。電気による災害については，

①仮設の配線によるもの
②電動工具によるもの
③活線作業によるもの
④活線近接作業によるもの
⑤停電作業によるもの
⑥その他の作業によるもの

などがあります。また，現場での安全教育については，

①現場の安全点検
②危険予知活動（KYK）の実施
③TBMの実施
⑤4S運動

などがあります。特に危険予知活動（KYK）とツールボックスミーティング（TBM）の実施は必ず記述しておくとよいでしょう。

2. 工程管理に関する施工経験

【重要問題 2】

あなたが経験した**電気工事**について，次の問に答えなさい。

1－1　経験した電気工事について，次の事項を記述しなさい。

(1) 工事名 ＿＿＿＿＿＿＿＿

(2) 工事場所 ＿＿＿＿＿＿＿＿

(3) 電気工事の概要 ＿＿＿＿＿＿＿＿

(4) 工　期 ＿＿＿＿＿＿＿＿

(5) この電気工事でのあなたの立場 ＿＿＿＿＿＿＿＿

(6) あなたが担当した業務の内容 ＿＿＿＿＿＿＿＿

1－2　**上記の電気工事の現場**において，**工程管理上**，あなたが**留意した事項とその理由**を **2 つ**あげ，あなたがとった**対策又は処置**を留意した事項ごとに具体的に記述しなさい。

ただし，対策又は処置の内容は重複しないこと。

解答例

1−1

⑴　工事名　**○○ビルディング新築工事**

⑵　工事場所　**○県○市○町**

⑶　工事の概要　**SRC 7 F 延床面積 7500 m^2，受変電設備，幹線動力設備，電灯コンセント設備，自家用発電設備 200 V 100 kV・A，キュービクル（動力計 500 kV・A，電灯計 350 kV・A）**

⑷　工　期　**令和○○年○○月〜令和○○年○○月**

⑸　この電気工事でのあなたの立場　**現場事務所所長**

⑹　あなたが担当した業務の内容　**施工管理**

1−2

⑴　留意事項 1

長雨により鉄筋工事が遅れ，それによる配管工事の遅れが見込まれたので，コンクリート打ち込みの遅れに留意した。理由として，電気工事は建築工事の工程と同期しているので大幅に工程が遅れる事があり，事前に遅れる場合の手当をしておかなければならないため。

⑵　留意事項 2

工事途中における設計変更が生じたので，その後の工程の遅れに留意した。理由として，過去に工事途中の設計変更により工程の大幅な遅れが生じた事があり，工程の見直しに手間がかかったため。

⑴　留意事項 1 の対策又は処置

現場でも加工作業が極力少なくなるような材料を使用した結果，配管工事の工程を短縮できた。

⑵　留意事項 2 の対策又は処置

工程の見直しを行い工事の待ち時間の短縮を計り，予定通りの工期で作業を終了することができた。

1－1

これについては安全管理の所を参考にして下さい。

1－2

⑴　留意事項とその理由

工程管理で留意する項目は次のようになるので，自分の体験に当てはめてよくまとめておくようにして下さい。

①設計指示の遅れ，工事途中における設計変更
②官公庁への届出の遅れによる工程への影響
③発注者等の要望で，工期短縮が必要なとき
④施工計画の欠陥による工程への影響
⑤施工方法の変更による工程への影響
⑥機械化を図ることによって，工程を短縮する工事
⑦設備工事など他工事の発注の遅れによる工程への影響
⑧作業時間の調整による工程への影響
⑨悪天候による工程への影響
⑩交通渋滞による作業量の低下
⑪不充分な事前調査による工程への影響
⑫工事中の災害により，一時施工が中止した場合
⑬労務不足による工程への影響
⑭予期せぬ障害物の発生により，一時施工が中止した場合
⑮作業順序の変更による工程への影響

⑵　留意事項の対策又は処置

留意した点に対する処置・対策のみを簡潔に記述して下さい。例として次のようなことが挙げられます。

①作業手順や作業量を的確に把握し，全体工期の見通しを早期に計画する。
②工期の遅延防止のため，労務や資材等の手配は，早期に行う。
③天候に左右されやすい工事は，十分な余裕をみた工程と人員配置を計画する。

：**第二次検定**では，新たに

第１編 第一次検定編の第１章　電気工学・第２章 電気設備の中の計算問題が２問，４肢択一のマークシート方式で出題されています。P 18，P 64 等参照。

第二次検定対策として，第１章・第２章の電気の計算問題を学習に加えてください。

第２章　施工管理法

１．施工管理その１
２．施工管理その２
３．施工管理その３
１．ネットワーク工程表その１［注：第一次検定用］
２．ネットワーク工程表その２［注：第一次検定用］
１．安全管理その１
２．安全管理その２
３．安全管理その３

学習のポイント

最近の傾向として６問出題してその内の２問を解答するようになっています。解答として，**留意すべき事項等の内容**を具体的に**２つ**記述すればよいので，本書の解答例すべてを理解しなくとも大丈夫です。ここも余裕を持って学習しましょう。

なお，令和３年度より，ネットワーク工程表の問題は，第一次検定に移行しています。P 165 参照。この分野は第一次検定対策用に学習してください。

1．施工管理その１

【重要問題３】

電気工事に関する次の語句の中から２つを選び，番号と語句を記入のうえ，施工管理上留意すべき内容を，それぞれについて２つ具体的に記述しなさい。

1．電線相互の接続
2．合成樹脂製可とう樹脂管（PF 管）の施工
3．波付硬質合成樹脂管（FEP）の施工
4．合成樹脂製可とう電線管（CD 管）の施工
5．盤への電線の接続
6．機器の取り付け
7．VVF ケーブルの施工

解答

1．電線相互の接続

電気設備の技術基準とその解釈第 12 条に，**電気抵抗**を増加させないように接続する，引張荷重の強さを **20% 以上減少**させない，**接続管**その他の器具を使用すること，絶縁電線の絶縁物と**同等以上の絶縁効力**のあるもので十分被覆することが規定されている。この規定に従って次のように接続する。

① 電線の被覆をナイフで剥く時は，電線を**傷つけない**ようにする又は，専用の器具を用いて慎重に作業する。

② 電線相互の接続は**スリーブ**を用いて接続する場合には，**所定の大きさ**のものを用いて，確実に圧着するようにする。

③ 接続部分は，**絶縁テープ等**で確実に被覆して絶縁性能を確保する。

2．合成樹脂製可とう樹脂管（PF 管）の施工

① 管路は**重量物の圧力**を受ける場所には施設しないようにする。

② 支持間隔は **1.5〔m〕以下**とする。

③ 管内では**接続点**を設けない。

④　曲げ半径は配管の内側で管内径の6倍以上とする。

⑤　金属性ボックスを用いて接続する場合には，金属性ボックスに300〔V〕以下ではD種接地工事，300〔V〕以上の場合にはC種接地工事を行う。

3．波付硬質合成樹脂管（FEP）の施工

管路は重量物の圧力に耐えるように施設し，ケーブルの引き込みに支障が出ないように管路の蛇行に注意する。管路の太さはケーブルの引き込みが容易に行える寸法のものを使用し，接続部において水が浸入しないように施設する。防水鋳鉄管と接続する場合には，水が浸入しないような管路接続処理を行う。

4．合成樹脂製可とう電線管（CD管）の施工

①　CD管は，直接コンクリートに埋め込んで施設する場合を除き，専用の不燃性又は自消性のある難燃性の管又はダクトに収めて施設すること。

②　CD管相互及び合成樹脂製可とう管とCD管とは，直接接続しないこと。

③　曲げ半径は配管の内側で管内径の6倍以上とする。

④　管の切断面は，管の軸に垂直になるようにする。

5．盤への電線の接続

①　盤の接続端子への電線の接続は電気的，機械的にしっかりとしたものとし，振動等により電線が緩む恐れがある場合には，ばね座金等により緩まないように施工する。

②　ねじ止め時には適正なトルクで行い，締め付け終了後には端子にマーキングを行い，緩んだ際に容易に緩みが確認できるようにする。

③　端子への電線の接続数は，定められた本数を超えて接続しない。

6．機器の取り付け

①　取付け場所の検討および取付けに必要な詳細図の作成。

②　機器の搬入搬出，機器の扉の開閉，不良個所や故障などが発生した場合の管理・保守上の問題点がないかを確認する。

③　機器の取り付けに資格が必要な場合の特種電気工事資格者等の資格の確認。

④　取付け場所の補強が必要な場合の工事方法を検討する。

⑤　取り付け後の機器の運転による悪影響の検討。

⑥　機器が取り付けられる場所において，耐候性，耐熱性などに問題がないかを確認する。

⑦　機能試験，接地抵抗試験，絶縁抵抗試験，絶縁耐力試験及び継電器試験などの検査を行う。

⑧　必要であれば経済産業省，消防及び電力会社等の検査を行う。

7. VVF ケーブルの施工

①　重量物の圧力を受ける場所には施設しないようにする。

②　曲げ半径は単心以外のものは仕上がり外径の６倍以上とする。

③　VVF ケーブルを束ねて施設する場合は電流減少係数を考慮して電線の太さの補正を行う。

④　ケーブルラックに施設する場合は水平部分は３〔m〕以下，垂直部分は１.５〔m〕以下の間隔で固定する。

⑤　弱電流線，水道管及びガス管などとは接触しないように施設する。

⑥　金属製の造営材を貫通する場合には十分な絶縁性能のあるがい管等に収める。

2．施工管理その2

【重要問題4】

電気工事に関する次の語句の中から2つを選び，番号と語句を記入のうえ，施工管理上留意すべき内容を，それぞれについて2つ具体的に記述しなさい。

1．露出配管（電線管）の施工
2．分電盤の取付け
3．電動機への配管配線接続
4．埋込み形照明器具の取付け
5．二種金属製線ぴ（レースウェイ）の施工

解答

1．露出配管（電線管）の施工

① **電気用品安全法**の適用を受ける**金属製**の電線管及びボックスその他の附属品又は黄銅若しくは銅で堅ろうに製作したものであること。

② **コンクリート**に埋め込む管の厚さは，**1.2mm以上**であること。

③ **湿気の多い場所**又は水気のある場所に施設する場合は，**防湿装置**を施すこと。

④ 低圧屋内配線の使用電圧が**300V以下**の場合は，管には，**D種接地工事**を施すこと。ただし次の場合には省略できる。

(a) 管の長さが**4m以下**のものを乾燥した場所に施設する場合。

(b) 屋内配線の使用電圧が**交流対地電圧150V以下**の場合において，その電線を収める管の長さが8m以下のものに**簡易接触防護措置**を施すとき又は**乾燥した場所**に施設するとき。

⑤ 低圧屋内配線の使用電圧が**300Vを超える**場合は，管には，**C種接地工事**を施すこと。ただし，**接触防護措置**を施す場合は，**D種接地工事**によることができる。

⑥ **弱電流線，水道管**及び**ガス管**などとは**接触**しないように施設する。

⑦ 管の支持点間の距離は**2〔m〕以下**としなければならない。

2．分電盤の取付け

① 取り付け部の環境が，高温，高湿度，腐食性ガスなど分電盤に腐食等が生じるおそれが無いことを確認する。

② 取り付ける周囲を確認して分電盤の扉の開閉に支障が無いかを確認する。

③ 屋外に取り付ける場合には水分の分電盤内の浸入を防止するために分電盤本体と扉の隙間の確認や分電盤と配管の隙間を確認する。隙間が確認されたならばパッキンやコーキング等で防水処置を施す。

④ 自立型の分電盤を床に固定する場合，床の強度が不足する場合には支持金具等を用いて躯体に直接固定するようにする。

⑤ 小動物等が侵入しないように分電盤内の開口部はパテ等で完全に塞ぐようにする。

3．電動機への配管配線接続

① 電動機への配管は屋内では２種金属製可とう電線管を用いる。

② 金属製可とう電線管及びボックスその他の附属品では電気用品安全法の適用を受けるものであること。

③ 配管は十分なたわみと長さを確保し余計なストレスをかけないようにする。

④ 電線は屋外用ビニル電線以外の絶縁電線を用い，より線又は3.2 mm以下の単線を用いる。

⑤ 配管内では電線を接続してはならない

⑥ 低圧屋内配線の使用電圧が300 V以下の場合は，電線管には，D種接地工事を施すこと。ただし，管の長さが４m以下のものを施設する場合は，この限りでない。

⑦ 低圧屋内配線の使用電圧が300 Vを超える場合は，電線管には，C種接地工事を施すこと。ただし，接触防護措置を施す場合は，D種接地工事によることができる。

4．埋込み形照明器具の取付け

① 天井と器具の隙間から光が漏れないように密着するように取り付ける。

② 天井の開口部の加工は建築業者と打ち合わせを行って補強方法などを確認する。

③　器具を天井の部材に直接取り付ける場合は建築業者と打ち合わせを行って強度が十分であるか協議する。特に重量のある器具は天井の部材ではなく，直接躯体に取り付けるようにする。

④　火災の防止のため天井の断熱材の仕様に合わせた器具を採用する。

⑤　断熱材等で器具の放熱孔等を塞がないようにする。

⑥　湿度や温度の高い場所には設置しない。

5．２種金属製線ぴ（レースウェイ）の施工

①　乾燥した，展開場所又は点検できる隠ぺい場所に施設する。

②　使用する電線は屋外用ビニル絶縁電線を除く絶縁電線であること。

③　線ぴ内では，電線に接続点を設けないこと。ただし，電気用品安全法の適用を受ける２種金属製線ぴで，電線を分岐する場合には定められた施工で行えば設けることができる。

④　線ぴ相互及び線ぴとボックスその他の附属品とは，堅ろうに，かつ，電気的に完全に接続すること。

⑤　線ぴには，Ｄ種接地工事を施すこと。ただし，次のいずれかに該当する場合は，この限りでない。

(a)　線ぴの長さが４ｍ以下のものを施設する場合

(b)　屋内配線の使用電圧が直流 300 V 又は交流対地電圧が 150 V 以下の場合において，その電線を収める線ぴの長さが８ｍ以下のものに簡易接触防護措置を施すとき又は乾燥した場所に施設するとき

第2章 施工管理法

3．施工管理その3

【重要問題5】

電気工事に関する次の語句の中から2つを選び，番号と語句を記入のうえ，施工管理上留意すべき内容を，それぞれについて2つ具体的に記述しなさい。

1．機材の搬入
2．現場内資材管理
3．機械・工具の取扱い
4．地中引込管路の防水処理
5．材料の受入検査
6．照明器具の取付け
7．架空引込口の防水処理
8．低圧分岐回路の試験
9．低圧ケーブルの布設

解答

1．機材の搬入

① 機材の搬入は，**施工品質**や**コスト**などに影響を与える他，**作業員の安全**，**機器の安全**に多大な影響を与えるので慎重に計画を立てて実行する必要がある。

② 搬入に先立って，**作業計画**を立案し**搬入管理体制**を確立する。

③ 安全確保のため事前に**進入道路**（幅，乗入，損傷の有無），**障害物**などを確認する。

④ 搬入に必要な機材は事前に安全を確保し，搬入経路の**養生**も十分に行い既存の完成物が搬入の障害とならないようにする。

⑤ 搬入終了後は，養生の撤去とともに障害となって取り外したものなどを元通りにする。

2. 現場内資材管理

① 搬入計画を行い必要なときに必要な資材を搬入するようにし，余分な資材を現場に置かないようにする。

② 現場に置かれた資材は作業や通行の妨げにならないように安全管理を行い，盗難，降雨対策，粉塵対策を充分に行い品質の低下に注意する。

3. 機械・工具の取扱い

① 施工内容に適した機械・工具類を，基準適合品の中から安全性を考慮して選定し使用する。

② 機械・工具の使用前に必ず始業点検を行い，使用方法の確認を行う。

③ 機械・工具の使用に資格が必要な場合には有資格者のみ取り扱うようにする。

④ 定期的に校正・定期自主検査を行い常に規格に適合する条件を確保するようにする。

4. 地中引込管路の防水処理

① 地中引込管路に水が浸入して絶縁低下などが生じないように十分な防水処理が必要となる。

② 使用する管は防水鋳鉄管を使用し管の勾配は外勾配とし配管内に水がたまらないような施工とする。

③ 工事中ケーブルを引き込むまでは管路に水が浸入しないように開口部を，ブランクプレートやウエスなどで塞ぐ様にする。

5. 材料の受入検査

① 仕様書，設計図通りの材料であるかを検討する。

② 寸法及び重量等の検査をする。

③ 納入された材料の数量の不足はないか数量検査を行う。

④ 材料の破損，変形及び変質等の外観検査を行う。

⑤ 不良品がある場合には交換要求する。

6. 照明器具の取付け

① 直付器具の場合は取付け用のボルトの位置と天井の下地の桟の位置が適当か確認してから施工する。

② 金属管で施工する場合には金属管とボックスとをボンド線で接続する。

③ 埋込み形照明器具を天井の部材に直接取り付ける場合は建築業者と打ち合わせを行って強度が十分であるか協議する。特に重量のある器具は天井の部材ではなく，直接躯体に取り付けるようにする。

④ 埋込み形照明器具は火災の防止のため天井の断熱材の仕様に合わせた器具を採用する。

⑤ 埋込み形照明器具は断熱材等で器具の放熱孔等を塞がないようにする。

7. 架空引込口の防水処理

① 引込口の電線管にエントランスキャップを取り付けて水の浸入を防ぐ。

② 建物内部の電線管は貫通部分よりも勾配が高くなるように施工し水の浸入を防ぐ。

③ 貫通部分はモルタルで充填し必要であればコーキングを行って水の浸入を防ぐ。

8. 低圧分岐回路の試験

① 接地工事が確実に行われているかを確認し，D 種接地工事が必要な箇所は接地抵抗が 100Ω以下，C 種接地工事が必要な箇所は 10Ω以下であることを接地抵抗計で確認する。

② 電線と大地間の絶縁抵抗を測定し，対地電圧が 150 V 以下の回路は 0.1 MΩ，対地電圧が 150 V を超えて 300 V 以下の回路は 0.2 MΩ，対地電圧 300 V を超える回路は 0.4 MΩ以上あることを絶縁抵抗計で確認する。

③ 電磁接触器が使用されている電動機回路の場合は，電動機回路の MCCB の二次側で絶縁抵抗を測定すると電磁接触器が開放されているため測定出来ない。そのため分電盤の端子台から測定する。

④ コンセント回路は検電器を使用して極性の確認をする。また接地工事が確実に行われているかを確認する。

⑤ 電動機の回転方向が正しいことを確認する。

⑥ 使用する測定装置が定期的に校正が行われていることを確認する。

9．低圧ケーブルの布設

① 重量物の圧力を受ける場所には施設しないようにする。

② 曲げ半径は単心以外のものは仕上がり外径の6倍以上とする。

③ ケーブルには表示札等を用いて回路の種類などを示して後のメンテナンスに支障が出ないようにする。

④ ケーブルラックに施設する場合は水平部分は3〔m〕以下，垂直部分は1.5〔m〕以下の間隔で固定する。

⑤ 弱電流線，水道管及びガス管などとは接触しないように施設する。

⑥ 金属製の造営材を貫通する場合には十分な絶縁性能のあるがい管等に収める。

⑦ 二重天井内でころがし配線とする場合には天井材等で損傷しないよう配置する。また，天井材に過度な荷重をかけないように工夫する。

1．ネットワーク工程表その１ ［第一次検定用］

注：新検定制度より，ネットワーク工程表の問題は第一次検定に移行しています。
第一次検定用として学習してください。（P 165 参照）

【重要問題６】　　**第一次検定の応用能力問題としての出題例**

図に示すネットワーク工程の各作業に関する記述として，不適当なものはどれか。

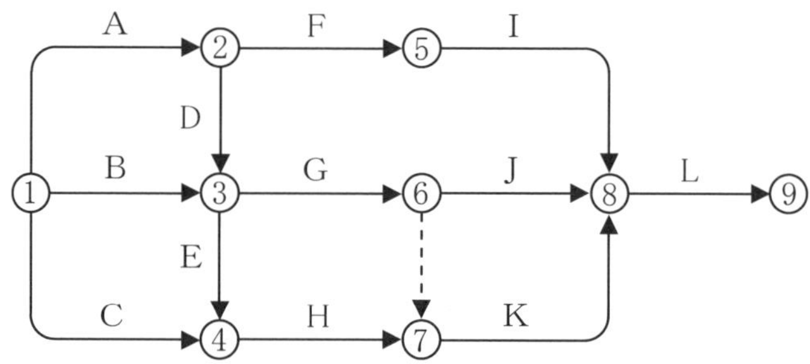

1. 作業Ｂが終了していなくても，作業Ａが終了すると，作業Ｆが開始できる。
2. 作業Ｃと作業Ｅが終了すると，作業Ｈが開始できる。
3. 作業Ｇが終了すると，作業Ｊが開始できる。
4. 作業Ｇが終了していなくても，作業Ｈが終了すると，作業Ｋが開始できる。
5. 作業Ｉと作業Ｊと作業Ｋが終了すると，作業Ｌが開始できる。

解説

イベント⑥と⑦はダミーで繋がっているので，作業Ｇが終了しないと作業Ｋが開始できない。

【関連問題】

図に示すネットワーク工程の各作業に関する記述として，不適当なものはどれか。

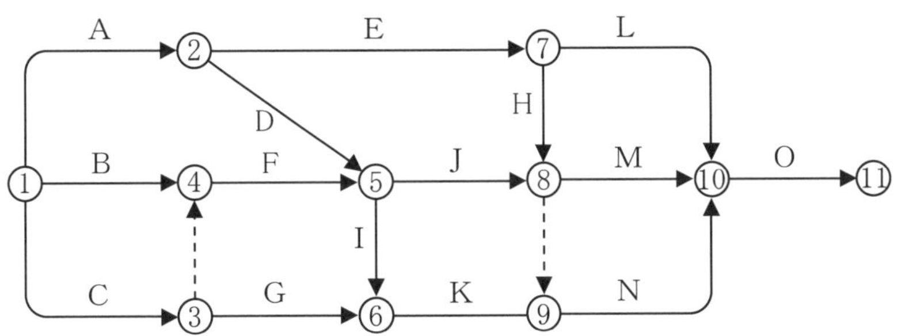

1. 作業Dが終了していなくとも，作業Aが終了すると作業Eが開始できる。
2. 作業Bが終了すると，作業Cが終了していなくても作業Fが開始できる。
3. 作業Dと作業Fが終了すると作業Jが開始できる。
4. 作業Cが終了すると，作業Bが終了していなくても作業Gが開始できる。
5. 作業Hと作業Jと作業Kが終了すると，作業Nが開始できる。

解説

イベント③と④はダミーで繋がっているので，作業Cが終了しないと作業Fが開始できない。

解答

【重要問題6】 4　　【関連問題】 2

2．ネットワーク工程表その２［第一次検定用］

注：新検定制度より，ネットワーク工程表の問題は第一次検定に移行しています。
第一次検定用として学習してください。（P 165 参照）

【重要問題７】

図に示すネットワーク工程の所要工期（クリティカルパス）として，正しいものはどれか。

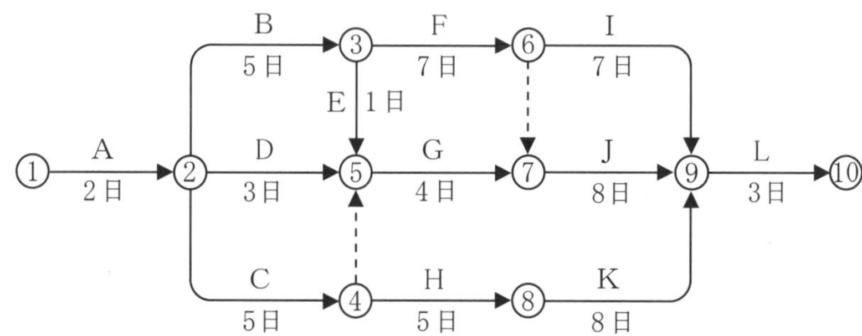

1. 22日
2. 23日
3. 25日
4. 26日
5. 27日

解説

各パスを計算すると次のようになる。

パス	所要日数
①→②→③→⑥→⑨→⑩	2＋5＋7＋7＋3＝24日
①→②→③→⑤→⑦→⑨→⑩	2＋5＋1＋4＋8＋3＝23日
①→②→③→⑥→⑦→⑨→⑩	2＋5＋7＋0＋8＋3＝25日
①→②→⑤→⑦→⑨→⑩	2＋3＋4＋8＋3＝20日
①→②→④→⑧→⑨→⑩	2＋5＋5＋8＋3＝23日
①→②→④→⑤→⑦→⑨→⑩	2＋5＋0＋4＋8＋3＝22日

以上により，①→②→③→⑥→⑦→⑨→⑩の経路がクリティカルパスで，所要工期は25日となる。

【関連問題】

図に示すネットワーク工程の所要工期（クリティカルパス）として正しいものはどれか。

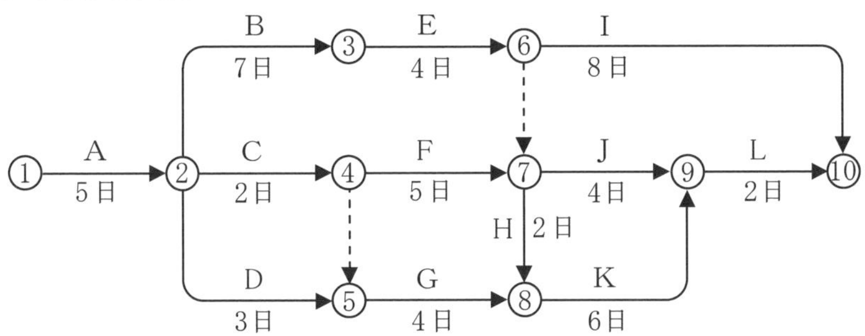

1. 20日
2. 22日
3. 24日
4. 26日
5. 28日

解 説

各経路の所要日数は次のようになる。

パス	所要日数
①→②→③→⑥→⑦→⑧→⑨→⑩	5+7+4+0+2+6+2=26日
①→②→③→⑥→⑦→⑨→⑩	5+7+4+0+4+2=22日
①→②→③→⑥→⑩	5+7+4+8=24日
①→②→④→⑤→⑧→⑨→⑩	5+2+0+4+6+2=19日
①→②→④→⑦→⑧→⑨→⑩	5+2+5+2+6+2=22日
①→②→④→⑦→⑨→⑩	5+2+5+4+2=18日
①→②→⑤→⑧→⑨→⑩	5+3+4+6+2=20日

以上により，①→②→③→⑥→⑦→⑧→⑨→⑩がクリティカルパスで，所要日数は26日となる。

解答

【重要問題7】 3 【関連問題】 4

1．安全管理その1

【重要問題8】

安全管理に関する次の語句の中から2つを選び，番号と語句を記入のうえ，それぞれの内容について2つ具体的に記述しなさい。

1．4S運動
2．危険予知活動（KYK）
3．ヒヤリハット運動
4．安全パトロール
5．安全施工サイクル
6．QCサークル活動
7．災害事例研究会
8．ツールボックスミーティング（TBM）
9．ゼロ災運動の基本理念3原則

解答

1．4S運動

安全は職場の**整理整頓**に始まり，整理整頓に終わるといわれるほどに整理整頓は安全な職場を作る上で重要であり，整理整頓をしっかり進めるためには職場を常に清掃し清潔にしておかなければならない。**4S運動**とは「**整理**」，「**整頓**」，「**清掃**」，「**清潔**」の4つの頭文字のSをとったもので，作業場所を常にこの4つのSの状態に保ち，安全活動を推進するものである。

2．危険予知活動（KYK）

危険予知活動（KYK）は工事現場での作業開始前に予想される危険性を検討し，防止対策をたてて主として日常の作業開始前ミーティングのように短時間に行う**実践的安全活動**をいう。また，**危険**（キケン）のK，**予知**（ヨチ）のY，**訓練**（トレーニング）のTをとり，KYT（**危険予知訓練**）というのもある。危険予知活動（KYK）の進め方は次のように行う。

① 作業場所の状況，作業内容などを把握する。

② 災害の発生が予想される事項を明確にする。
③ 話し合いにより，具体的な対策を考える。
④ 重点事項を明確に定めて確認し，作業にかかる。

3. ヒヤリハット運動

ハインリッヒの法則によれば重傷事故1件に対して微傷災害が29件，災害にならない事故は300件あるとされている。つまり労働災害は**1：29：300**という割合で発生するというもので，この300にあたるものが事故にならないヒヤリ・ハットとなる。ヒヤリハット運動は怪我にならずに済んだことを取り上げ，お互いに発表し合い，発見し，把握し，予知してその**解決に努める運動**をいう。

4. 安全パトロール

建設業に属する事業の**元方事業者**は，その労働者及び関係請負人の労働者が一の場所において作業を行うときは，当該場所において行われる仕事に係る請負契約を締結している事業場ごとに，これらの労働者の作業が同一の場所で行われることによって生ずる労働災害を防止するため，**店社安全衛生管理者を選任**して，少なくとも**毎月1回**労働災害を防止するため労働者が作業を行う場所を巡視させなければならない。**安全パトロール**はこの規定に従い，事業所の全域あるいは単位作業場ごとに，危険な施設，設備または危険な作業方法，作業行動などを指摘し，これを是正することにより安全を達成しようとする職場の巡視のことをいう。

5. 安全施工サイクル

安全施工サイクルとは，工事現場で安全衛生管理の基本的な実施事項を全工程を通じて，**日，週，月毎**に継続的に活動することによって，工事関係者に安全管理活動の定着化を図ることである。毎日のサイクルでは，朝礼，KYK，安全点検等，作業中の指導・監督，終業時の確認点検など。週間のサイクルでは，週間工程打合せ，週間一斉点検，週間一斉清掃など。毎月のサイクルでは月間工程打合せ，安全大会，定期点検，職長会などがある。

6. QCサークル活動

QCサークル活動とは同じ職場内で**品質管理活動**を自主的に行う小グループ

で，全社的品質管理活動の一環としてQC手法を活用して職場の管理，改善を継続的に全員参加で行う活動のことをいう。よい品質，高い生産性は安全の確保のもとに生まれるという認識のもとに安全についてのQCサークル活動を進めている。

7. 災害事例研究会

災害事例研究会とは，職場のグループで今までに実際に発生した**災害事例**を対象にして，その防止対策を立案したり自分の職場の安全に対する意識を高めることを狙いとした安全教育訓練の一つである。

8. ツールボックスミーティング（TBM）

ツールボックスとは道具箱のことをいうが，このツールボックスを前にして毎朝の**作業開始前**に行う安全に関する話し合いをすることからツールボックスミーティング（TBM）と呼ばれている。このミーティングでは，その日の作業内容や安全に関する留意事項などを話し合ったり，互いに注意しあったりしてその日の安全についての重点実施事項を決めたりして，安全に対する意識を高めて行く上で有効な方法である。

9. ゼロ災運動の基本理念３原則

ゼロ災運動の基本理念３原則は，事故・災害の発生を予防したり防止したりする「**先取りの原則**」，いかなることがあっても，災害ゼロということが究極の目標となる「**ゼロの原則**」及び全員一致協力して，それぞれの立場・持場で，自主的自発的に問題解決行動を実践する「**参加の原則**」となる。

2．安全管理その2

【重要問題9】

安全管理に関する次の語句の中から2つを選び，番号と語句を記入のうえ，それぞれの内容について2つ具体的に記述しなさい。

1．機械器具によって発生する災害の防止対策
2．電動工具の使用における危険防止対策
3．酸素欠乏症の防止対策
4．中高年齢者についての安全対策
5．わく組足場上の作業

解答

1．機械器具によって発生する災害の防止対策

使用する機械等に安全装置が施されているかを確認し，**作業開始前の点検**や**定期点検を自主的**に行い，機械の使用に際し危険でないかを十分確認してから使用する。労働安全衛生規則に定められている機械の使用に際して注意することを以下に示す。

① 原動機，回転軸等には覆い，囲い等を設ける。
② ベルトの切断による危険の防止に囲い等を設ける。
③ 動力しゃ断装置の設置。
④ 運転開始の合図の徹底。
⑤ 加工物等の飛来による危険を防止するための囲い等の設置。
⑥ 切削屑の飛来等による危険を防止するための囲い等の設置。
⑦ 機械及び刃部のそうじ等の場合は運転停止を基本とする。
⑧ 巻取りロール等の危険の防止に囲いを設ける。
⑨ 作業帽等の着用の原則。

2．電動工具の使用における危険防止対策

① 使用する電動工具は**定期的に検査**を実施したことが確認されたものを使用する。

② 電動工具の操作の際に，感電の危険又は誤操作による危険を防止するため，電動工具の操作部分について必要な照度を保持しなければならない。

③ 対地電圧が150〔V〕をこえる電動工具を湿った場所その他導電性の高い場所において使用する場合には，漏電による感電の危険を防止するため，感電防止用漏電遮断装置を接続しなければならない。

④ 2重絶縁構造の電動工具以外の機器で，感電防止用漏電遮断装置を講ずることが困難なときは，電動工具の金属製外わく，電動機の金属製外被等の金属部分を接地して使用しなければならない。

⑤ 電動工具の移動電線の被覆が損傷していないことを確認する。

⑥ 作業中火花や削りくずが出る電動工具の作業では，防護マスク等を使用し，火花による火災の予防措置をとる。

⑦ 手袋が巻き込まれるおそれがあるような工具では手袋を外してから作業する。

⑧ 作業が終了したならば手元スイッチを切ってから工具のプラグを抜いて安全を確認する。

3. 酸素欠乏症の防止対策

酸素欠乏症の防止をするための具体的な対策を次に示す。

① 酸素欠乏危険作業に作業者を就かせるときは，特別の教育を行う。

② 酸素欠乏危険場所の酸素の濃度を測定し，18% 以上であることを確認する。

③ 作業中において，酸素の濃度を常に18% 以上に保つように換気装置等において換気をする。

④ 換気をすることが困難な酸素欠乏危険場所で作業する場合には，作業者の人数と同数以上の空気呼吸器を準備し，労働者に使用させる。

⑤ 入場および退場時の人員を点検し，取り残しがないことを確認する。

⑥ 作業者以外の立ち入ることを禁止する表示を行い，立ち入りできないようにする。

4. 中高年齢者についての安全対策

中高年齢者は，一般に運動能力，視力，聴力等の身体的機能が低下している場合が多い。そのため中高年齢者の安全対策は一般の作業者に比べて，より細やかな安全対策が必要となる。

① 運動の能力などの低下により，作業中における墜落・転落の危険性が増す。労働安全衛生法に定められた措置はもちろんのことであるが，昇降設備等に関しては，可能な限り中高年齢者に配慮した構造とすることで墜落・転落事故を防止する。

② 諸能力の低下により，作業場所や通路の照度を高くする，工具等できるだけ重量物の扱いを避ける，無理な姿勢での作業を長時間させない等の配慮を行う。

5. わく組足場上の作業

わく組足場上の作業における労働災害の防止に関する具体的な内容は次のようになる。

① わく組足場の作業床の幅は 40 cm 以上で，作業床のすき間が 3 cm 以下となっていることを確認する。

② 手すり等を設ける。ただし，労働者に(要求性能)墜落制止用器具等を使用させる場合には省略できる。

③ 安全に昇降できる設備を設ける。

④ 建築躯体と足場とのすき間は概ね 30 cm 以内とし，それ以上のすき間がある場合は，墜落防止ネット等で防護する。

⑤ 3 m 以上の高所から物を投げ下す場合は，投下設備を設けていないときは行ってはならない。

⑥ 作業床の最大荷重は 400 kg 以下とする。

⑦ 飛来落下防止設備を設ける。

3．安全管理その3

【重要問題 10】

安全管理に関する次の語句の中から2つを選び，番号と語句を記入のうえ，それぞれの内容について2つ具体的に記述しなさい。

1．交流アーク溶接の作業
2．墜落災害防止対策
3．脚立作業の危険防止対策
4．感電防止対策

解答

1．交流アーク溶接の作業

交流アーク溶接の作業における労働災害の防止に関する具体的な内容は次のようになる。

① 作業員にはアーク溶接に関する**特別な教育**を行わせなければならない。

② 交流アーク溶接の作業に使用する溶接棒等のホルダーは日本産業規格で定める規格に適合する絶縁効力及び耐熱性を有するものを使用しなくてはならない。

③ 交流アーク溶接機用**自動電撃防止装置**を使用し作業前に動作の点検を行う。

④ 交流アーク溶接機本体に**D種接地工事**が行われていることを確認し，**接地線の断線**がないことを確認する。

⑤ 移動電線は**キャブタイヤケーブル**であることを確認する。

⑥ ケーブル等の接続部分などの充電部分が露出しないような処置（絶縁テープ巻等）を施す。

⑦ 変圧器は**絶縁変圧器**とする。絶縁変圧器のできるだけ近い場所に開閉器を設置する。

⑧ 作業場が**乾燥している**ことを確認し，作業者がぬれた状態で作業を行わないようにする。

⑨ 溶接作業を行うときは，**保護マスク**等の保護具等使用により作業者の安

全を確保する。

⑩ 火花の飛散を防止する処置を行い，作業場所近くに消火器を配置する。

2．墜落災害防止対策

① 作業床の設置等

事業者は，高さが２ｍ以上の箇所で作業を行なう場合において墜落により労働者に危険を及ぼすおそれのあるときは，足場を組み立てる等の方法により作業床を設けなければならない。

② 囲い等

事業者は，高さが２ｍ以上の作業床の端，開口部等で墜落により労働者に危険を及ぼすおそれのある箇所には，囲い，手すり，覆い等を設けなければならない。

③ （要求性能）墜落制止用器具等の取付設備等

事業者は，高さが２ｍ以上の箇所で作業を行なう場合において，労働者に（要求性能）墜落制止用器具等を使用させるときは，（要求性能）墜落制止用器具等を安全に取り付けるための設備等を設けなければならない。

④ 悪天候時の作業禁止

事業者は，高さが２ｍ以上の箇所で作業を行なう場合において，強風，大雨，大雪等の悪天候のため，当該作業の実施について危険が予想されるときは，当該作業に労働者を従事させてはならない。

⑤ 照度の保持

事業者は，高さが２ｍ以上の箇所で作業を行なうときは，当該作業を安全に行なうため必要な照度を保持しなければならない。

⑥ スレート等の屋根上の危険の防止

事業者は，スレート，木毛板等の材料でふかれた屋根の上で作業を行なう場合において，踏み抜きにより労働者に危険を及ぼすおそれのあるときは，幅が30 cm以上の歩み板を設け，防網を張る等踏み抜きによる労働者の危険を防止するための措置を講じなければならない。

3．脚立作業の危険防止対策

事業者は，脚立については，次に定めるところに適合したものでなければ使用してはならない。

① 丈夫な構造とすること。

② 材料は，著しい損傷，腐食等がないものとすること。

③ 脚と水平面との角度を75度以下とし，かつ，折りたたみ式のものにあっては，脚と水平面との角度を確実に保つための金具等を備えること。

④ 踏み面は，作業を安全に行うため必要な面積を有すること。

4. 感電防止対策

① **電気機械器具の囲い等**

事業者は，電気機械器具の充電部分で，労働者が作業中又は通行の際に，接触し，又は接近することにより感電の危険を生ずるおそれのあるものについては，感電を防止するための**囲い又は絶縁覆い**を設けなければならない。

② **漏電による感電の防止**

事業者は，電動機を有する機械又は器具で，対地電圧が150〔V〕をこえる移動式若しくは可搬式のもの又は水等導電性の高い液体によって湿潤している場所その他鉄板上，鉄骨上，定盤上等導電性の高い場所において使用する移動式若しくは可搬式のものについては，漏電による感電の危険を防止するため，当該電動機械器具が接続される電路に，当該電路の定格に適合し，感度が良好であり，かつ，確実に作動する**感電防止用漏電遮断装置**を接続しなければならない。

③ **配線等の絶縁被覆**

事業者は，労働者が**作業中又は通行の際に接触**し，又は接触するおそれのある配線で，絶縁被覆を有するもの又は移動電線については，絶縁被覆が損傷し，又は老化していることにより，感電の危険が生ずることを防止する措置を講じなければならない。

④ **電気絶縁用保護具**

電気絶縁用保護具は，**電気用安全帽及び電気用ゴム手袋**等の感電防止用の保護具をいう。保護具には電路の電圧で使用する種類や材質等が異なり，労働安全衛生規則第351条によれば，電気絶縁用保護具は，**6月以内ごとに1回**，定期に，その絶縁性能について自主検査を行わなければならない。

第3章
電気工事に関する用語

1．電気工事に関する用語（受電設備の図記号）
2．電気工事に関する用語（電気機器関連）
3．電気工事に関する用語（電線関連）
4．電気工事に関する用語（照明関連）
5．電気工事に関する用語（電力関連）
6．電気工事に関する用語（鉄道関連）
7．電気工事に関する用語（その他の設備）

学習のポイント

最近の傾向として9問出題してその内の3問を解答するようになっています。第二次検定で取り上げた項目の他第一次検定で取り上げた項目からも出題されるので第一次検定の知識が役に立ちます。

解答として，**技術的な内容**を具体的に**2つ**記述すればよいので，本書の解答例すべてを理解しなくとも大丈夫です。余裕を持って学習しましょう。

1．電気工事に関する用語その１（受電設備の図記号）

【重要問題 11】

一般送配電事業者から供給を受ける図に示す高圧受電設備の単線結線図について，次の問に答えなさい。

(1) **ア**に示す**機器の名称**又は**略称**を記入しなさい。
(2) **ア**に示す機器の**機能**を記述しなさい。

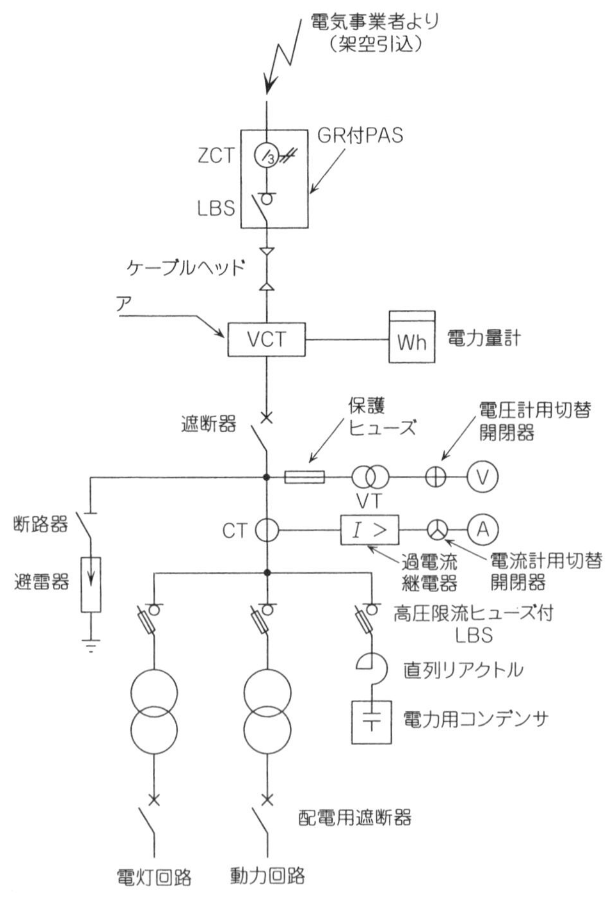

(1)　**電力需給用計器用変成器**で記号は VCT である。

(2)　電圧用変成器（VT）及び変流器（CT）を一体化したもので，取引用の**電力量計**の計量用として用いられる。電力需給用計器用変成器及び取引用の電力量計は電力会社の財産であるので，電力会社の関係者以外のものの取り扱いは禁じられている。変流器の 2 次側の定格電流は 5 A となっている。

下記の図は，電気事業者から供給を受ける基本的な高圧受電設備の単線結線図である。

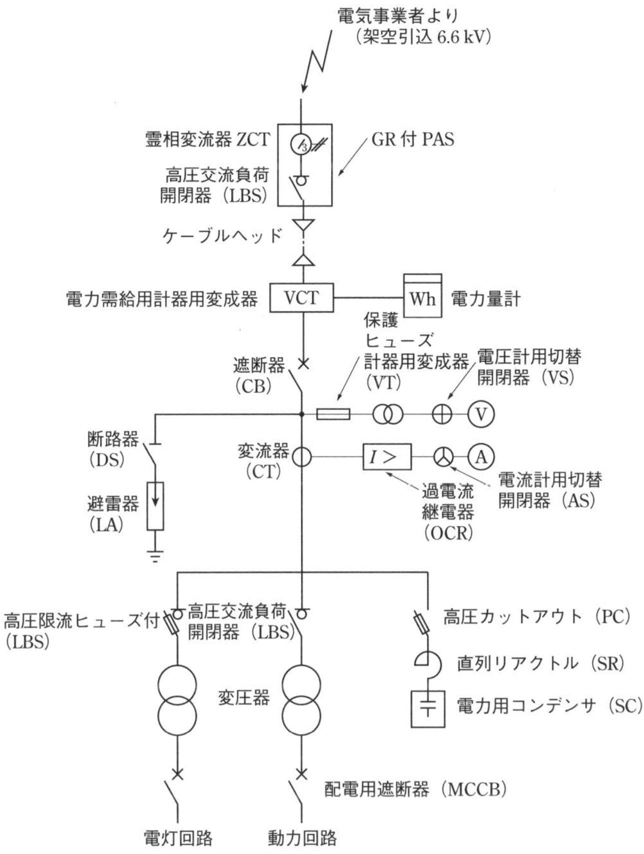

図記号，名称（略称）及び機能

1. **GR付PAS**は，交流負荷開閉器（LBS）と方向地絡継電器が接続されている。役割は自家用設備の地絡事故を検出し，高圧交流負荷開閉器を開放する。GR付PAS内にある**ZCT**は零相電流を検出して方向地絡継電器を動作させるために用いられる機器である。

2. **電力需給用計器用変成器**の記号は**VCT**である。電圧用変成器VT及び変流器CTを一体化したもので，取引用の**電力量計**の計量用として用いられる。電力需給用計器用変成器及び取引用の電力量計は電力会社の財産であるので，電力会社の関係者以外のものの取り扱いは禁じられている。変流器の2次側の定格電流は5Aとなっている。

3. **ケーブルヘッド**

   高圧ケーブルを高圧機器や受変電設備と接続するため，端末処理を施した部分をいう。

4. **電力量計（Wh）**は言うまでもなく需要家が使用した電力量及び無効電力を計測して電気料金の算定の元となるデータとなるものである。

5. **遮断器**は負荷電流だけではなく短絡電流などの故障電流を遮断することができる機器である。遮断時のアークを消滅させる原理により色々な種類があるが，一般の需要家では以前は油入遮断器（OCB）が用いられていたが，メンテナンスなどの理由により最近では真空遮断器（VCB）が用いられるようになっている。遮断器の種類が異なっても図記号は同じなので，種類を表示する場合には記号の脇に種類の記号を添える。

6. **断路器（DS）**は回路を切り離して，充電部と非充電部を分離させて安全に作業が行えるようにするために設置されるもので，基本的に電流の開閉は行わない。

7. **避雷器（LA）**の機能は次のようである。

   ① 異常電圧を抑制し，機器を異常電圧より保護，絶縁破壊を防止する。

   ② 異常電圧を放電した後，続流（放電電流に続いて流れる商用周波の電流）を遮断し，避雷器自身が損傷することもなく元の状態に復帰する。

   ③ 以上の動作を反復することができ，商用周波放電開始電圧は回路電圧より十分高く，無用の商用周波放電をしないことが求められる。

8. **保護ヒューズ**は，計器用変成器（VT）の短絡保護用に用いられる。これにより計器用変圧器の短絡事故が主回路に波及するのを防止する。

9. **計器用変成器（VT）**は，高圧を低圧に変成して電圧計を動作させるために用いられる。

10. **電圧計切替開閉器（VS）**は，三相の各相の電圧を一つの電圧計で確認するために用いられる。

11. **変流器（CT）**は，大電流を電流計で読み取れるように小電流に変成する機器である。

12. **過電流継電器（OCR）**は，短絡電流などの故障電流が流れた時に遮断器を動作させるために用いられる。

13. **電流計切替開閉器（AS）**は，三相の各相の電流を一つの電流計で確認するために用いられる。

14. **高圧限流ヒューズ付高圧交流負荷開閉器（LBS）**は，負荷電流の開閉の他短絡電流などの故障電流を高圧限流ヒューズによって遮断することができる。

15. **高圧交流負荷開閉器（LBS）**は，負荷電流の開閉のみ行うことができ，短絡電流などの故障電流を遮断することはできない。

16. **高圧カットアウト（PC）**は，負荷電流の開閉のみ行うことができ，短絡電流などの故障電流を遮断することはできない。

17. **直列リアクトル（SR）**は，電圧波形のひずみを改善，第5周波等の高調波障害の拡大を防止，コンデンサ回路の突入電流の抑制をする。

18. **電力用コンデンサ（SC）**は，回路の力率の改善をし，電圧降下を低減させる。

19. **変圧器（T）**は言うまでもなく電圧を変成して負荷に供給するものである。

20. **配線用遮断器（MCCB）**と**遮断器**の図記号は同じであるが，低圧部に使用されるのが配線用遮断器（MCCB）なので一般に区別は容易である。

2．電気工事に関する用語その2（電気機器関連）

【重要問題 12】

電気工事に関する次の用語の中から3つを選び，番号と用語を記入のうえ，**技術的な内容**を，それぞれについて2つ具体的に記述しなさい。ただし，**技術的な内容**とは，施工上の留意点，選定上の留意点，定義，動作原理，発生原理，目的，用途，方式，方法，特徴，対策などをいう。

1．スコット変圧器
2．単相変圧器2台のV結線
3．変圧器のコンサベータ
4．スターデルタ始動
5．3Eリレー
6．比率差動継電器
7．過電流継電器の動作試験
8．サーモラベル（温度シール）

解答

1．スコット変圧器

スコット変圧器は，三相交流を二相交流に変成する変圧器で，大容量の単相負荷，たとえば，電気炉，交流式電気鉄道などの電源用変圧器の結線に用いられる。負荷が平衡していれば同容量の単相変圧器2台の利用率は，理論的に86.6〔%〕となるが，はじめからスコット結線変圧器専用のものを設計，製作すれば，利用率を92.8〔%〕に向上させることができる。

2．単相変圧器2台のV結線

同一定格の単相変圧器3台で三相運転していたとき，その内の1台が故障してV結線にすると，その最大出力は三相運転の場合の57.7〔%〕に低下するが，変圧器2台の出力比では86.6〔%〕になる。これを単相変圧器2台運転時の**利用率**という。

3. 変圧器のコンサベータ

外気の温度の変化あるいは負荷の変動による発生熱量の変化により，変圧器内部の油や空気が膨張・収縮するため，変圧器外箱内の気圧と大気圧とに差を生じて空気が出入する。これを変圧器の**呼吸作用**という。これにより，変圧器内部に湿気が持ち込まれ**絶縁耐力**が低下し，また，加熱された油が空気と接触するため**酸化作用**により油が劣化し不溶解性沈殿物を生じ変圧器に悪影響を及ぼす。変圧器内の熱い油が空気に直接接する面積を小さくするよう作られた油の入る箱（コンサベータ）を，変圧器本体より高い位置に取付ける。

4. スターデルタ始動

かご形三相誘導電動機をそのまま電源に接続して始動すると全負荷電流の4～8倍程度の始動電流が流れて電動機に**過電流**が流れ，また電源側に過大な電圧降下を生じさせる。このような始動法を**直入れ始動**という。始動電流を小さくするには，始動時に電動機の固定子の巻線を切り替えスイッチにより△結線からY結線にしておき，始動が完了した後に△結線に戻すスターデルタ始動（Y－△始動法）が容量の大きな電動機には採用される。これにより，始動時に電源を流れる電流を直入始動の場合の1/3に減ずることができるが，始動トルクも1/3になってしまう。

5. 3Eリレー

電動機保護用のリレーであり，**過負荷検出要素，欠相検出要素及び逆相検出要素**の3要素を持つものである。要素は英語でElementというので**3Eリレー**と呼ばれる。電動機の始動電流では動作しないものが選定されポンプなどの回転方向が目視出来ない機器や高価な機器に使用される。

6. 比率差動継電器

発電機や変圧器の**内部故障**の保護用として，巻線の短絡など故障時に変圧器の一次と二次両側の**電流の比が変化**することを利用して動作・保護するものである。**比率差動継電器**は，**CT，動作コイル及び抑制コイル**から構成され，変圧器の一次端子，二次端子から流入する**電流の差**が零かどうかで変圧器内部の短絡事故を検出するものである。電源投入時の突入電流では動作しないようになっており，**内部故障**があると差の電流が大きくなり**継電器**を動作させる。

7. 過電流継電器の動作試験

過電流継電器（OCR）の単体試験は，次の項目について行う。

① **限時要素動作電流特性試験**

動作電流整定値に対して，過電流継電器が動作する**電流を測定**する。許容誤差は整定値の±10〔%〕以内であること。

② **限時要素動作時間特性試験**

動作電流整定値の**300〔%〕**と**700〔%〕**の電流を流し，OCR が動作するまでの**時間を測定**する。300〔%〕の場合の許容誤差は整定値の±17〔%〕以内であること。

③ **瞬時要素動作電流特性試験**

瞬時要素電流整定値に対して試験電流を流し，OCR が動作するまでの**時間を測定**する。許容誤差は整定値の±15〔%〕以内であること。

8. サーモラベル（温度シール）

定められた**温度以上**になるとシールが**変色**して**温度上昇**を知ることが出来るものである。通常の温度計では温度を測定出来ないような高圧のブスバーや電動機などの本体に貼付けて温度上昇を監視する。**サーモラベル**には一度温度上昇を検知したら色が元に戻らない**不可逆性**のものと元に戻る**可逆性**のものとがある。**機械設備**や**受電設備**などの発熱による事故防止に用いることで事故の未然防止による**予防管理**に用いられている。

3．電気工事に関する用語その3（電線関連）

【重要問題 13】

電気工事に関する次の用語の中から3つを選び，番号と用語を記入のうえ，**技術的な内容**を，それぞれについて2つ具体的に記述しなさい。ただし，**技術的な内容**とは，施工上の留意点，選定上の留意点，定義，動作原理，発生原理，目的，用途，方式，方法，特徴，対策などをいう。

1．光ファイバーケーブル
2．金属製可とう電線管
3．波付硬質合成樹脂管（FEP）
4．合成樹脂製可とう電線管（PF 管・CD 管）
5．ライティングダクト
6．EM エコ電線
7．UTP ケーブル
8．ACSR
9．VVF ケーブルの差込型コネクタ

解答

1．光ファイバーケーブル

光ファイバーケーブルは，石英又はプラスチックを素材とした中空ケーブルで，中心部（コア）の屈折率を周辺部（クラッド）よりも高くすることにより光を伝送できるものである。光ファイバーケーブルは電力回路からの**誘導**を受けないほか，伝送路における損失が少ないなどの特長を有するため，長距離・大容量情報の通信伝送路に適している。

2．金属製可とう電線管

金属製可とう電線管には，**1種**金属製可とう電線管（フレキシブルコンジット）と**2種**金属製可とう電線管（プリカチューブ）の2種類がある。1種金属製可とう電線管は乾燥した露出場所や点検できる隠ぺい場所の使用に限られる。2種金属製可とう電線管はほぼ金属管と同様な場所の工事を行うことが出来る。

3. 波付硬質合成樹脂管（FEP）

可とう性にすぐれ**軽量**で**長尺**であるので，埋設するケーブルの保護用に用いられる。耐食性及び耐候性があり摩擦抵抗が少ないので延線時の通線が容易となる。

4. 合成樹脂製可とう電線管（PF 管・CD 管）

合成樹脂管には，可とう性を持たない合成樹脂製電線管（硬質塩化ビニル電線管）と可とう性を持った合成樹脂製可とう電線管がある。合成樹脂製可とう電線管には，PF 管（合成樹脂製可とう管）と CD 管がある。PF 管は**耐燃性**（自己消火性）であるが，CD 管は**非耐燃性**（自己消火性なし）である。CD 管はオレンジ色で識別している。PF 管及び CD 管は，合成樹脂管とは異なり曲げ加工を必要としないので施工が容易になる特徴がある。施工箇所は，PF 管はコンクリート直接埋込用及び露出配線用，CD 管は自己消火性がないので**コンクリート直接埋込用**として用いられる。

5. ライティングダクト

天井に設置するレール上の器具で，対応した照明を**自由な位置**に配置することができる便利な器具である。1 室多灯を手軽に実現でき，またリモコンなどを使えば 1 灯 1 灯の ON/OFF を細かく切り替えたり，調光することができる等，部屋の光を細かく調整することができる。ライティングダクトは様々な名称で呼ばれているが，規格自体は統一されている。

6. EM エコ電線

環境にやさしいエコ電線・ケーブルの特徴は，「ハロゲンを含まない」，「鉛を含まない」，「環境ホルモンを含まない」，「リサイクルが可能」，「燃焼時に有毒ガスを発生しない」等の特性を有している。一般的にはつぎの 3 つの特性を有している製品が，EM 電線・ケーブルの名称で，JCS（日本電線工業会規格）に規格化されている。

(a) 塩素等の**ハロゲン**が含まれないため，焼却しても有害物質を発生しない。
(b) 低発煙性で火災時に視野が確保でき，**有毒ガス**の発生もない。
(c) 鉛を含まないため，埋設しても鉛流出の恐れがない。

7. UTP ケーブル

シールドが施されていないツイスト・ペア・ケーブルを UTP（Unshielded Twisted Pair）ケーブルと言い，電話線やイーサネットなどで使われる。取り回しが簡単で安価なため，特に高速伝送を求められないイーサネットの LAN 用途に標準的に使用されている。

8. ACSR

導電率は 60〔%〕のアルミニウムを使用した，鋼心アルミより線（ACSR）は鋼線に機械的強度を負担させ，電流は表皮効果を利用してアルミ部分に流すようにしている。架空送電線路により線を使う理由は可とう度を増大させるためである。

9. VVF ケーブルの差込型コネクタ

600 V までの低圧屋内配線で使用される VVF（ビニル）ケーブルの屋内配線用差込型電線コネクタで，リングスリーブよりも作業が簡易で効率はよいが，差し込み不良などが火災事故の原因にもなるため，芯線電線を波立たせずまっすぐに差し込む，また必ず屋内用ジョイントボックスに収めるなどの注意が必要である。

4. 電気工事に関する用語その4(照明関連)

【重要問題 14】

電気工事に関する次の用語の中から3つを選び，番号と用語を記入のうえ，**技術的な内容**を，それぞれについて2つ具体的に記述しなさい。ただし，**技術的な内容**とは，施工上の留意点，選定上の留意点，定義，動作原理，発生原理，目的，用途，方式，方法，特徴，対策などをいう。

1. LED照明器具
2. Hf蛍光灯器具
3. ハロゲンランプ
4. メタルハライドランプ
5. 光電式自動点滅器
6. 事務室照明の昼光制御
7. 電球形蛍光ランプ
8. トンネルの入口照明

解答

1. LED照明器具

LEDとは，Light（光る），Emitting（出す），Diode（ダイオード）のそれぞれの頭文字を略したもので，発光ダイオードとも呼ばれている。地球環境保護の観点から一般照明として使用できる**長寿命，省エネ，省資源**を目的としてLED照明器具の開発が進められ製品化されてきた。LEDは半導体そのものが発光するという特性上，フィラメントが切れて点灯しなくなるということはないが，素材の劣化などにより，使用とともに透過率が低下し，光束が減少するようになる。**LED照明器具の寿命は**，LEDが点灯しなくなるまでの時間ではなく，**LEDの輝度**が初期の値と比べ**70%**になる時間を寿命としている。

2. Hf蛍光灯器具

蛍光放電灯は，全放射エネルギーの15〔%〕以上が刺激線253.7〔mm〕によって蛍光を発している。蛍光放電灯は，照明用光源として種々の優れた特色があるが，一般照明用蛍光灯のものでは演色性の良くないのが欠点となる。そこで主に深赤色を発光する蛍光物質を添加し，この欠点を改善したものに天然色形や真天然色形があるが，一般照明用蛍光灯に比べ，効率は低くなる。Hf蛍光灯（高周波点灯形）は高周波点灯専用形蛍光ランプと高周波点灯専用形電子安定器により点灯させるもので，一般照明用蛍光灯より，**ちらつき**がない，**点灯が早い**，**ランプ効率**が高い，**演色性**が優れている，などの特徴を持ったランプである。

3．ハロゲンランプ

ハロゲンランプは，石英ガラス管内に不活性ガスとともに微量の塩素・ヨウ素・臭素・フッ素などのハロゲン物質を封入したもので，ハロゲン化学反応を応用して**管壁の黒化**を防止し，寿命中光束の低下がなく，優れた動程特性をもつ**白熱電球**である。

4．メタルハライドランプ

水銀灯の発光管の中に金属のハロゲン化物を添加し放電させると，金属のハロゲン化物は，放電による熱によって蒸発し，アーク中央の高温部に達すると，金属とハロゲンとに解離して，金属のハロゲン化物は，その元素特有の発光スペクトルを発する。この原理を利用したのがメタルハライドランプである。ハロゲンとしては，比較的安定な**よう化物**が多く用いられる。

5．光電式自動点滅器

光導電セルなどを使用して，電灯などを自動点滅させるものである。点滅には継電器や半導体スイッチなどが使用される。これを使用すれば，辺りが暗くなれば点灯し，明るくなれば消灯するので**街路灯**，**防犯灯**及び**道路照明用**などに使用されている。

6．事務室照明の昼光制御

昼光の入る窓ぎわや，ランプの交換や清掃の直後は，事務室は必要以上に明るくなっている。昼光を最大限利用しながら照度をコントロールする省エネ型の照明制御システムが事務室照明の昼光制御である。天井に設置した照度**センサー**と**コントローラー**によって必要な照度をコントロールするものである。

7. 電球形蛍光ランプ

電球形蛍光ランプは一般の白熱電球と同じ口金で，ほぼ**同じ形状・寸法**をもつランプである。このランプは，U 字形の発光管を複数接合したものやスパイラル形の発光管を点灯回路とともに，一つのコンパクトなグローブ内に収納した光源である。発光原理は，一般の蛍光ランプと同様である。グローブ内の温度上昇による発光効率の低下を発光管内の電極近傍に水銀アマルガムを封入することにより，10〔W〕～13〔W〕程度で**白熱電球 60〔W〕**とほぼ同じ光出力を得ている。

8. トンネルの入口照明

入口照明は，トンネル入口部において基本照明に付加される照明である。昼間時に，トンネル入口部でトンネル内外の明るさの激しい差によって生ずる，見え方の低下を防止するために基本照明を増強する照明で，トンネル入口部に設置する。入口部の路面輝度は，境界部，移行部，緩和部の順に低減できる。

5．電気工事に関する用語その5（電力関連）

【重要問題 15】

電気工事に関する次の用語の中から3つを選び，番号と用語を記入のうえ，**技術的な内容**を，それぞれについて2つ具体的に記述しなさい。ただし，**技術的な内容**とは，施工上の留意点，選定上の留意点，定義，動作原理，発生原理，目的，用途，方式，方法，特徴，対策などをいう。

1．揚水式発電
2．風力発電
3．太陽光発電システム
4．水力発電の水車
5．架空地線
6．送電線のねん架
7．架空電線のたるみ
8．配電線路のバランサ
9．力率改善
10．電力設備の需要率
11．A種接地工事
12．D種接地工事

解答

1．揚水式発電

揚水発電は深夜の大容量火力発電所や原子力発電所の余剰電力を使用して，発電所の下部（下流）にある貯水池の水を揚水ポンプによって発電所の上部（上流）にある貯水池にためて，日中に発生する**ピーク負荷時**（重負荷時）に発電する。揚水発電所は始動停止が容易で，余剰電力を使用することで，大容量火力発電所や原子力発電所の出力を一定とすることによりこれらの発電所の効率をよくすることができるようになる。

揚水発電所の出力は，揚水時の揚水量を Q〔m³/s〕，揚水時の有効揚程を H〔m〕，ポンプ・電動機の効率総合効率を η とすると揚水に必要な電力 P は次のようになる。

$$P=\frac{9.8\,QH}{\eta}\ 〔\mathrm{kW}〕$$

揚水発電所の発電電動機の始動方式は，直結電動機始動方式，制動巻線始動方式及びサイリスタ起動方式などがある。

2. 風力発電

風力発電設備の特徴をまとめると次のようになる。

① 風力発電設備は，風の運動エネルギーを電気エネルギーに変換する設備である。出力は**風速の3乗**に比例する。

② 風力発電設備は，風速等の自然条件の変化による出力変動が大きい。

③ **プロペラ形風車**は，一般に風速によって**翼の角度**を変えるなど風の強弱に合わせて出力を調整することができる。

④ 発電できる風速の下限と上限が定まっている。

⑤ 風力発電設備は，**温室効果ガス**を排出しない。

3. 太陽光発電システム

太陽の光が半導体のpn接合に照射されると**光電効果**により起電力が発生する。このような半導体素子を太陽電池という。太陽光発電システムは，太陽電池で発電した電力を直流から交流に変換する**インバータ**，発電した電力を蓄える蓄電池及び商用電源に接続するための保護装置等から構成されている。太陽光発電システムの長所と短所は次のようになる。

＜長所＞

① 環境に優しく，**騒音・異臭**などがない。

② 規模に関係なく効率は一定である。

③ 寿命が長く，保守もほとんど必要がない。

＜短所＞

① **エネルギー密度**が低く，電池コストが高い。

② **気象条件**により出力が変動する。

③ 直流発電なので**交直変換装置**が必要である。

4. 水力発電の水車

① **ペルトン水車**

衝動水車に分類される**ペルトン水車**は，比較的**高落差**，**小水量**の地点に適した水車で，流量の変化に対する効率の変化が小さい特徴を持っている。ペルトン水車は，吸出管がないため，排棄損失が大きくなる。

② フランシス水車

フランシス水車は反動水車の代表的なもので，落差の適用範囲は低落差から高落差までと広く，大容量の発電所に適している。フランシス水車は，ペルトン水車と比較して，高落差領域で比速度を大きくとれる。フランシス水車は，固定翼なので部分負荷での効率低下が大きい。水量を調整する装置は案内羽根（ガイドベーン）で行う。

③ プロペラ水車とカプラン水車

プロペラ水車とカプラン水車はランナの形状を4枚から8枚程度のプロペラ状にしたもので，ランナが固定であるものをプロペラ水車，ランナが可動するものをカプラン水車という。プロペラ水車はランナが固定のため低出力になると急激に効率が低下する。

5．架空地線

架空地線は，送電線路の頂部に張られ，雷害の防止や地絡故障時の通信線への電磁誘導障害を軽減する目的で設置される。架空地線の遮へい角αは，小さいほど遮へい率（電線以外の直撃回数と全直撃回数との比）は高くなる。また，架空地線は，1条より2条のほうが効果が大きくなり，架空地線の効果を高めるためには導電性の良い線を用いることが必要となる。

6．送電線のねん架

送電線路と弱電流線などの金属体間の静電容量が同一でないと，中性点に残留電圧（中性点電圧）が発生して，この残留電圧により弱電流線はある電位を持つようになる。これが送電線路に発生する静電誘導現象である。静電誘導障害を防止するには，送電線路をある区間を区切って相順を入れ替える操作をすることによって各相の対地静電容量を同じにすることができる。この操作を捻架（ねんか）といい，これにより中性点の残留電圧を抑制することができるようになる。

7．架空電線のたるみ

電線に流れる電流の大きさや気温の変化により電線の実長は変化する。実長が変化すると電線のたるみも変化するようになる。また，電線は適度のたるみをもたせて架線しないと，電線の張力が大きくなって断線したりするので適度なたるみを設計しなければならない。これより，送電線の地上からの高さはたるみが最大となる条件において，電気設備技術基準の高さ制限を満たすものとしなければならない。電線の単位長さ当たりの電線の質量による荷重を w〔N/m〕，電線の径間を S〔m〕，電線の最低点における水平方向の張力を T〔N〕とすれば，同一水平面上にある二つの支持点でつくる電線のたるみ d〔m〕と実長 L〔m〕は，

$$d=\frac{wS^2}{8T}\ 〔\mathrm{m}〕$$

$$L=S+\frac{8d^2}{3S}\ 〔\mathrm{m}〕$$

で表すことができる。

8．配電線路のバランサ

単相3線式の負荷は常に同じように配置することはできないので，中性線に流れる電流を0にすることは事実上不可能である。中性線の電流をできるだけ小さくするために，負荷側に**変圧器の1種**である**バランサ**を接続すると中性線以外の電線の電流がほぼ等しくなり，負荷の端子電圧もほぼ同じになるので負荷のアンバランスによる**電圧不平衡の影響**をなくすことができる。

9．力率改善

力率が悪いと変圧器の容量に対して有効電力が有効に供給できなかったり，**電圧降下**の増大及び**線路損失**の増加などの悪影響が生じる。変圧器の容量を変えないで無効電力を減少させて有効電力を増加させる場合や，線路損失の低減及び線路の電圧降下の低減を図るには，変圧器に対して**並列**に高圧用電力コンデンサを接続する。また，負荷に電動機が多数接続されている場合には，低圧用電力コンデンサを電動機と並列に接続するのも力率改善には有効である。

10．電力設備の需要率

最大需要電力の負荷設備容量の合計に対する比を需要率という。

$$\text{需要率}=\frac{\text{最大需要電力}}{\text{負荷設備容量}}\times100\ 〔\%〕\ (\text{需要率}<100\ 〔\%〕)$$

需要率は需要家の負荷設備がどの程度利用されているかを示す指標で，設置されている負荷の種類や季節などの要因で異なるが，1以下又は100％以下

の値となる。この値が大きいほど負荷設備を有効に使用していることになる。

11. A 種接地工事

A 種接地工事の接地工事の上限は 10〔Ω〕で，施工場所は次のようである。

① 特別高圧計器用変成器の 2 次側電路に施設する。

② 電路に施設する高圧用又は特別高圧用の機械器具の鉄台及び金属製外箱に施設する。

③ 基本的に高圧及び特別高圧の電路に施設する**避雷器**に施設する。

使用する接地線は，引張強さ 1.04〔kN〕以上の金属線又は直径 2.6〔mm〕以上の軟銅線を使用する。

12. D 種接地工事

D 種接地工事の接地工事の上限は 100Ωであるが，低圧電路において，当該電路に地絡を生じた場合に 0.5 秒以内に自動的に電路を遮断する装置を施設するときは，500Ω以下となる。D 種接地工事の施工場所は，300 V 以下の低圧用の機械器具の鉄台等に施設する。使用する接地線は，引張強さ 0.39 kN 以上の金属線又は直径 1.6 mm 以上の軟銅線となる。ここで，D 種接地工事を施さなければならない金属体と大地との間の電気抵抗値が 100Ω以下である場合は，D 種接地工事を施したものとみなすことができる。

6．電気工事に関する用語その6（鉄道関連）

【重要問題 16】

電気工事に関する次の用語の中から３つを選び，番号と用語を記入のうえ，**技術的な内容**を，それぞれについて２つ具体的に記述しなさい。ただし，**技術的な内容**とは，施工上の留意点，選定上の留意点，定義，動作原理，発生原理，目的，用途，方式，方法，特徴，対策などをいう。

1．電気鉄道のボンド
2．クロスボンド
3．電気鉄道の帰線
4．電気鉄道のき電線
5．き電方式
6．自動列車停止装置（ATS）
7．自動列車制御装置（ATC）

解答

1．電気鉄道のボンド

ボンドはレール継ぎ目における電気的接続を良くするために**継ぎ目**を電気導体で橋絡したものをいう。

① インピーダンスボンド

鉄道信号では，走行レールを帰線路に使っているから，レールには信号電流と帰線電流が**重なって流れる**。このため，軌道回路の境界点では帰線電流のみを通して，信号電流は隣接軌道回路に流入しないようにする必要がある。インピーダンスボンドは信号電流を隣接する閉そく区間へ流入させない働きがある。

② 信号ボンドは，**軌道回路電流**に対するレール継目部分の**電気抵抗**を小さくするために用いる導体である。

③ レールボンドは，**電気車帰線電流**に対するレール継目部分の**電気抵抗**を小さくするために用いる導体である。

2. クロスボンド

クロスボンド（横ボンド）は**帰線抵抗を減少**させ，かつ電流を平衡させるために隣接軌道間又は**左右のレール間**との間を接続する導体をいう。

3. 電気鉄道の帰線

帰線とは**電気が変電所に戻るまでのルート**であり，一般的には線路そのものを使って変電所付近まで通って吸上げ装置等で変電所に戻る。トロリ線より給電された電流を変電所に戻すための設備で，直流区間では走行用レールが用いられる。通常レールは鉄製なので銅に比べて電気抵抗が大きく，走行区間における電圧降下や電力損失が大きくなるために，レール継目はボンドにより電気的接続を良くする。また必要によって補助帰線が用いられる。

4. 電気鉄道のき電線

トロリー線に電気を供給するのが**き電線**である。直流電化区間のき電線には，硬銅より線，硬アルミより線，鋼心アルミより線などが用いられる。実際にトロリー線にき電する線をき電分岐線といい，先端にはフィードイヤーが取り付けられる。き電線は要所要所に開閉設備を設け停電・き電の系統の切り分けができるようにする。

5. き電方式

① 直流き電方式

直流き電方式は，シリコン整流器等で三相交流電力を直流電力に変換し，回生電力を高圧配電負荷に有効利用する場合，サイリスタインバータを変電所に設備する。直流き電では電食に対する対策が必要である。電食の原因は，電気車帰線電流の一部がレールより大地に流れる漏れ電流である。帰線路の電気抵抗が高いと，電圧降下が大となり，漏れ電流が増大して，電食の原因となる。埋設金属管の電食発生箇所は，電流が埋設金属管に流出する箇所である。

② 交流き電方式

交流き電回路にはATき電方式（単巻変圧器き電方式）及びBTき電方式（吸い上げ変圧器き電方式）などがある。交流き電方式は各変電所間に電圧の位相差が生じるので，基本的に並列き電は行わず，単独き電が行われる。三相交流電源側に発生する電圧変動は，短絡容量の大きい電源から受電又は静止形無効電力補償装置を設置することが有効で，電圧不平衡を軽減する方法はスコット結線変圧器におけるＭ座とＴ座の負荷電力の差を小さくするのが有効である。

6. 自動列車停止装置（ATS）

自動列車停止装置は列車が停止信号に接近したとき，所定の位置で停止操作が行われないときに自動的に列車を停止させる。また，所定の位置において一定の速度を超えて列車が走行している場合に**自動的**に列車を**停止**させる。

7. 自動列車制御装置（ATC）

自動列車制御装置は速度制限区間において，列車速度が制限速度以上になると**自動的にブレーキ**をかけて列車の**速度を減速**させる。この制御では，列車の運転手は列車の起動と加速を行うことが出来る。

7．電気工事に関する用語その７（その他の設備）

【重要問題 17】

電気工事に関する次の用語の中から３つを選び，番号と用語を記入のうえ，**技術的な内容**を，それぞれについて２つ具体的に記述しなさい。ただし，**技術的な内容**とは，施工上の留意点，選定上の留意点，定義，動作原理，発生原理，目的，用途，方式，方法，特徴，対策などをいう。

1．差動式スポット型感知器
2．定温式スポット型感知器
3．煙感知器
4．自動火災報知設備の受信機
5．ループコイル式車両感知器
6．超音波式車両感知器

解答

1．差動式スポット型感知器

差動式スポット型感知器は，感知器の周囲の**温度が一定の上昇率**以上となったときに作動するもので，一局所の熱効果により感知するものをいう。感度により，**2種**と2種より感度が高い**1種**とがある。感知器の動作原理には，空気の膨張を利用したものと，熱起電力を利用したものがある。空気の膨張を利用した差動式スポット型感知器は，火災のときの急激な温度上昇により，感熱室の空気が加熱され膨張するとダイヤフラムを上に押し上げ接点を閉じて火災信号を発信する。温度上昇が急激ではない場合には，膨張した空気はリーク孔から逃げるため接点は閉じないので，誤動作を防ぐことができる。

2．定温式スポット型感知器

定温式スポット型熱感知器は，内部の感熱部が，火災の熱により一定の温度以上になると作動する。感熱部は，**バイメタル**という２種類の熱膨張率の異なる金属板を貼り合わせたものを使用し，一定温度での曲がり具合によって，電気的な接点が閉じて火災信号を発信する。

3. 煙感知器

火災による煙を感知して火災を発見する感知器で，**イオン化式**と**光電式**に区分され，さらに非蓄積型のものと蓄積型のものがある。非蓄積型とは，煙の瞬間的な濃度を検出して作動するものであり，蓄積型とは，一定の濃度以下の煙が一定時間以上継続したときに作動するものである。蓄積型の蓄積時間は，5 秒を超え 60 秒以内，公称蓄積時間は，10 秒以上 60 秒以内で 10 秒刻みと規定されている。イオン化式スポット型の性能と光電式スポット型の性能を併せもつ煙感知器を煙複合式スポット型という。

4. 自動火災報知設備の受信機

自動火災警報設備の受信機とは，感知器若しくは発信機から発せられた**火災信号**又は感知器から発せられた**火災情報信号**により，火災の発生を防火対象物の関係者に**報知**するものをいう。受信機の種類は，R 型，P 型 1 級及び P 型 2 級などがある。R 型受信機は 2 回線から火災信号を同時に受信したときも，火災表示をすることが出来る。R 型の火災受信機は，感知器や発信機に中継器を取り付け，火災信号を**固有番号**（アドレス）情報に変換し，**伝送信号**（通信）にて**受信**する。必要とされる機能は P 型 1 級受信機と同等であるが，火災発生の警戒区域又は端末個々の**表示**は**デジタル値**で表示される。P 型と異なり固有信号による伝送方式なので信号線を少なくできる特長がある。

5. ループコイル式車両感知器

ループコイル式車両感知器は地中に長方形状の感知用の特殊ケーブルを埋設しておき，車両の接近によるループコイルのインダクタンス変化を利用して**車両を感知**する方式である。主に駐車場などに用いられる方式である。ループ式は，道路工事などにより障害を受けやすいが，感知精度は他の方式に比べて優れている。

6. 超音波式車両感知器

超音波式車両感知器は，道路上に設置された送受器から道路面に対し発射された超音波のパルスの反射波を送受器で受信する場合に，路面と車両とで反射波に**時間差**を生ずることを利用して車両の存在と通過を検出するものである。

第４章　法規

1．建設業法関連
2．労働安全衛生法関連
3．電気工事士法関連

学習のポイント

最近の傾向として３問出題してすべて解答するようになっています。第二次検定で取り上げた項目の他第一次検定で取り上げた項目からも出題されるので第一次検定の知識が役に立ちます。

出題される本文は繰り返し出題されているものが多いので第一次検定と第二次検定で示してある法文を確実に覚えましょう。

なお，新検定制度から，法文中の文章の中の空欄の語句を，４肢の中から一つ選択するマークシート方式へと出題形式が変わっています。

新形式の問題に改訂していますので，予想問題として活用してください。

1．建設業法関連

（解答は P. 281）

下記の文章において，［　　］に当てはまる語句として，「建設業法」上，定められているものはそれぞれどれか。

【重要問題 18】

18−1 「この法律は，建設業を営む者の資質の向上，建設工事の［ア］契約の適正化等を図ることによって，建設工事の適正な［イ］を確保し，発注者を保護するとともに，建設業の健全な発達を促進し，もって公共の福祉の増進に寄与することを目的とする。」

ア ① 請負 ② 監理 ③ 設計 ④ 下請

イ ① 資材 ② 工程 ③ 作業 ④ 施工

18−2 「建設業者は，建設工事の［ア］者から請求があったときは，請負契約が成立するまでの間に，建設工事の見積書を［イ］しなければならない。」

ア ① 請負 ② 下請 ③ 設計 ④ 注文

イ ① 提示 ② 交付 ③ 開示 ④ 発注

18−3 「注文者は，［ア］に対して，建設工事の施工につき著しく不適当と認められる下請負人があるときは，その変更を請求することができる。ただし，あらかじめ注文者の［イ］による承諾を得て選定した下請負人については，この限りでない。」

ア ① 請負人 ② 監理者 ③ 技術者 ④ 代理人

イ ① 口頭 ② 書面 ③ 提案 ④ 依頼

【重要問題 19】

19−1 「元請負人は，その請け負った建設工事を施工するために必要な［ア］の細目，作業方法その他元請負人において定めるべき事項を定めようとするときは，あらかじめ，［イ］の意見をきかなければならない。」

ア ① 設計 ② 条件 ③ 工程 ④ 施工

イ ① 設計者 ② 下請負人 ③ 発注者 ④ 監督員

19−2 「元請負人は，［ア］の支払を受けたときは，下請負人に対して，［イ］の購入，労働者の募集その他建設工事の着手に必要な費用を［ア］として支払うよう適切な配慮をしなければならない。」

ア ① 請負代金 ② 前払金 ③ 後払金 ④ 契約金

イ ① 機械 ② 備品 ③ 工具 ④ 資材

【重要問題 20】

20−1 「元請負人は，下請負人からその請け負った建設工事が完成した旨の通知を受けたときは，当該通知を受けた日から［ア］日以内で，かつ，できる限り短い期間内に，その完成を確認するための［イ］を完了しなければならない。」

ア ① 10　② 14　③ 20　④ 30
イ ① 試験　② 調査　③ 検査　④ 監査

20−2 「建設業者は，建設工事の担い手の［ア］及び確保その他の［イ］技術の確保に努めなければならない。」

ア ① 開拓　② 発掘　③ 採用　④ 育成
イ ① 設計　② 施工　③ 新規　④ 監理

20−3 「主任技術者及び監理技術者は，工事現場における建設工事を適正に実施するため，当該建設工事の［ア］計画の作成，工程管理，［イ］管理その他の技術上の管理及び当該建設工事の施工に従事する者の技術上の指導監督の職務を誠実に行わなければならない。」

ア ① 施工　② 安全　③ 作業　④ 設計
イ ① 現場　② 労務　③ 資材　④ 品質

解答

【重要問題 18】

18−1 解答	ア	①	イ	④	建設業法　第 1 条関連
18−2 解答	ア	④	イ	②	建設業法　第 20 条関連
18−3 解答	ア	①	イ	②	建設業法　第 23 条関連

【重要問題 19】

19−1 解答	ア	③	イ	②	建設業法　第 24 条の 2 関連
19−2 解答	ア	②	イ	④	建設業法　第 24 条の 3 関連

【重要問題 20】

20−1 解答	ア	③	イ	③	建設業法　第 24 条の 4 関連
20−2 解答	ア	④	イ	②	建設業法　第 25 条の 27 関連
20−3 解答	ア	①	イ	④	建設業法　第 26 条の 4 関連

2．労働安全衛生法関連

（解答はP. 284）

【重要問題 21】

下記の文章において，［　　］に当てはまる語句として，「労働安全衛生法」上，定められているものはそれぞれどれか。

21−1 「事業者は，単にこの法律で定める［ ア ］災害の防止のための最低基準を守るだけでなく，快適な職場環境の実現と労働条件の改善を通じて職場における労働者の安全と［ イ ］を確保するようにしなければならない。また，事業者は，国が実施する［ ア ］災害の防止に関する施策に協力するようにしなければならない。」

ア ① 第三者　② 人的　③ 自然　④ 労働

イ ① 福祉　② 効率　③ 健康　④ 発展

21−2 「労働安全衛生法」では，建設工事現場での混在作業にかかる［ ア ］の防止を図るために，一定規模以上の事業場においては，特定元方事業者は［ イ ］及び元方安全衛生管理者を，関係請負人は安全衛生責任者を選任することが義務付けられている。

ア ① 第三者災害　② 人的災害

　③ 自然災害　④ 労働災害

イ ① 安全管理者　② 統括安全衛生責任者

　③ 衛生管理者　④ 監理技術者

【重要問題 22】

下記の文章において，［　　］に当てはまる語句として，「労働安全衛生法」上，定められているものはそれぞれどれか。

22−1 「事業者は，労働者を雇い入れたときは，当該労働者に対し，厚生労働省令で定めるところにより，その従事する業務に関する安全又は［ ア ］のための［ イ ］を行わなければならない。」

ア ① 衛生　② 統括　③ 健康　④ 福祉

イ ① 教育　② 実習　③ 講習　④ 訓練

22-2 「事業者は，クレーンの運転その他の業務で，政令で定めるものについては，都道府県［ア］の当該業務に係る免許を受けた者又は都道府県［ア］の登録を受けた者が行う当該業務に係る［イ］を修了した者その他厚生労働省令で定める資格を有する者でなければ，当該業務に就かせてはならない。」

ア ① 知事 ② 市町村長 ③ 労働局長 ④ 労働基準監督署長
イ ① 特別教育 ② 特別実習 ③ 技能講習 ④ 技能訓練

【重要問題 23】

下記の文章において，［　］に当てはまる語句として，「労働安全衛生法」上，定められているものはそれぞれどれか。

23-1 「事業者は，労働災害を防止するための管理を必要とする作業で，政令で定めるものについては，都道府県労働局長の免許を受けた者が行う［ア］のうちから，厚生労働省令で定めるところにより，当該作業の区分に応じて［イ］を選任し，その者に当該作業に従事する労働者の指揮その他の厚生労働省令で定める事項を行わせなければならない。」

ア ① 特別教育を受講した者 ② 特別教育を修了した者
③ 技能講習を受講した者 ④ 技能講習を修了した者
イ ① 作業主任者 ② 安全管理者
③ 衛生管理者 ④ 安全衛生推進者

23-2 「建設工事の注文者等仕事を他人に請け負わせる者は，施工方法，［ア］について，安全で［イ］な作業の遂行をそこなうおそれのある条件を附さないように配慮しなければならない。」

ア ① 工期 ② 工程 ③ 教育 ④ 労働
イ ① 効率的 ② 衛生的 ③ 健康的 ④ 発展的

【重要問題 24】

下記の文章において，［　］に当てはまる語句として，「労働安全衛生法」上，定められているものはそれぞれどれか。

24−1　事業者は，［　ア　］メートル以上の高所から物体を投下するときは，適当な投下設備を設け，［　イ　］を置く等労働者の危険を防止するための措置を講じなければならない

ア　①　1　②　2　③　3　④　5
イ　①　作業主任者　②　安全管理者　③　衛生管理者　④　監視人

24−2「事業者は，政令で定める規模の事業場ごとに，厚生労働省令で定めるところにより，医師のうちから［　ア　］を選任し，その者に労働者の［　イ　］その他の厚生労働省令で定める事項を行わせなければならない。」

ア　①　安全管理者　②　安全衛生責任者
　　③　産業医　④　衛生管理者
イ　①　安全管理　②　労務管理
　　③　衛生管理　④　健康管理

解答

【重要問題 21】

21−1 解答	ア	④	イ	③	労働安全衛生法　第 3 条関連
21−2 解答	ア	④	イ	②	労働安全衛生法　第 15, 16 条関連

【重要問題 22】

22−1 解答	ア	①	イ	①	労働安全衛生法　第 59 条第 3 項関連
22−2 解答	ア	③	イ	③	労働安全衛生法　第 61 条関連

【重要問題 23】

23−1 解答	ア	④	イ	①	労働安全衛生法　第 14 条関連
23−2 解答	ア	①	イ	②	労働安全衛生法　第 3 条第 3 項関連

【重要問題 24】

24−1 解答	ア	③	イ	④	労働安全衛生規則　第 536 条関連
24−2 解答	ア	③	イ	④	労働安全衛生法　第 13 条関連

3．電気工事士法関連

（解答は P. 286）

【重要問題 25】

下記の文章において，[　　] に当てはまる語句として，「電気工事士法」上，定められているものはそれぞれどれか。

25−1 「この法律は，電気工事の作業に従事する者の資格及び [ア] を定め，もって電気工事の欠陥による [イ] の発生の防止に寄与することを目的とする。」

ア ① 義務　② 監理　③ 任務　④ 責務
イ ① 遅延　② 故障　③ 火災　④ 災害

25−2 「この法律において電気工事とは，[ア] 又は自家用電気工作物を設置し，又は変更する工事をいう。ただし，政令で定める [イ] な工事を除く。」

ア ① 一般用電気工作物　② 事業用電気工作物
　③ 一般用送配電工作物　④ 特定送配電工作物
イ ① 重大　② 軽微　③ 簡易　④ 重要

25−3 「[ア] 電気工作物に係る電気工事のうち経済産業省令で定める簡易なものについては，[イ] 電気工事従事者資格者証の交付を受けている者が，その作業に従事することができる。」

ア ① 特定用　② 一般用　③ 事業用　④ 自家用
イ ① 第一種　② 第二種　③ 認定　④ 特殊

第4章 法規

【重要問題 26】

下記の文章において，［　　］に当てはまる語句として，「電気工事士法」上，定められているものはそれぞれどれか。

26−1 「第一種電気工事士は，経済産業省令で定めるやむを得ない事由がある場合を除き，第一種電気工事士免状の交付を受けた日から［ア］に，経済産業省令で定めるところにより，経済産業大臣の指定する者が行う自家用電気工作物の保安に関する［イ］を受けなければならない。」

ア ① 2年以内　② 3年以内　③ 4年以内　④ 5年以内
イ ① 講習　② 研修　③ 登録　④ 免許

26−2 「第一種電気工事士免状は，次の各号の一に該当する者でなければ，その交付を受けることができない。
一 第一種電気工事士試験に合格し，かつ，経済産業省令で定める電気に関する［ア］に関し経済産業省令で定める実務の経験を有する者
二 経済産業省令で定めるところにより，前号に掲げる者と同等以上の知識及び技能を有していると［イ］が認定した者」

ア ① 工事　② 保守　③ 安全　④ 技能
イ ① 厚生労働大臣　② 都道府県知事　③ 市長村長　④ 労働局長

解答

【重要問題 25】

25−1 解答	ア	①	イ	④	電気工事士法　第1条関連
25−2 解答	ア	①	イ	②	電気工事士法　第2条第3項関連
25−3 解答	ア	④	イ	③	電気工事士法　第3条第4項関連

【重要問題 26】

26−1 解答	ア	④	イ	①	電気工事士法　第4条の3関連
26−2 解答	ア	①	イ	②	電気工事士法　第4条第3項関連

索　引

アルファベットと記号

あ 行

か 行

さ 行

た　行

な 行

は 行

ま 行

や 行

ら 行

わ 行

著者略歴

若月輝彦（わかつき てるひこ）

資格

電験第１種合格
環境計量士(騒音・振動)合格
エネルギー管理士(電気分野)合格
建築物環境衛生管理技術者合格

著書

電験第２種合格ガイド(電気書院)
電験第２種早わかり全７巻(電気書院)
電験第２種に合格できる本全５巻(電気書院)
電気管理士合格完全マスタブック全４巻(電気書院)
４週間でマスター　１級電気工事施工管理（第一次検定）（弘文社）
４週間でマスター　１級電気工事施工管理（第二次検定）（弘文社）
わかりやすい！　電験二種一次試験　合格テキスト(弘文社)
わかりやすい！　電験二種二次試験　合格テキスト(弘文社)
わかりやすい！　電験二種一次試験　重要問題集(弘文社)
わかりやすい！　電験二種二次試験　重要問題集(弘文社)
合格への近道 電験三種(理論)(弘文社)
合格への近道 電験三種(電力)(弘文社)
合格への近道 電験三種(機械)(弘文社)
合格への近道 電験三種(法規)(弘文社)
わかりやすい 第１種電気工事士 筆記試験(弘文社)
わかりやすい 第２種電気工事士 筆記試験(弘文社)
第１種電気工事士 筆記試験50回テスト(弘文社)
第２種電気工事士 筆記試験50回テスト(弘文社)
合格への近道 一級電気工事施工管理学科試験(弘文社)
合格への近道 二級電気工事施工管理学科試験(弘文社)
合格への近道 一級電気工事施工管理実地試験(弘文社)
合格への近道 二級電気工事施工管理実地試験(弘文社)
最速合格！１級電気工事施工学科50回テスト(弘文社)
最速合格！１級電気工事施工実地25回テスト(弘文社)
最速合格！２級電気工事施工第一次50回テスト(弘文社)
最速合格！２級電気工事施工実地25回テスト(弘文社)
わかりやすい！１級電気工事施工管理（学科）（弘文社）
わかりやすい！１級電気工事施工管理（実地）（弘文社）
わかりやすい！２級電気工事施工管理（学科・実地）（弘文社）

●法改正・正誤などの情報は，当社ウェブサイトで公開しております。
http://www.kobunsha.org/
●本書の内容に関して，万一ご不審な点や誤り，記載漏れなどお気付きの点がありましたら，郵送・FAX・Eメールのいずれかの方法で当社編集部宛に，書籍名・お名前・ご住所・お電話番号を明記し，お問い合わせください。なお，お電話によるお問い合わせはお受けしておりません。
郵送　〒546-0012　大阪府大阪市東住吉区中野2-1-27
FAX　(06)6702-4732
Eメール　henshu2@kobunsha.org

4週間でマスター
2級電気工事施工管理　第一次・第二次検定

著　者　若月輝彦
印刷・製本　㈱太洋社

発行所　株式会社　弘文社
〒546-0012 大阪市東住吉区中野2丁目1番27号
☎ (06) 6797―7441
FAX (06) 6702―4732
振替口座 00940―2―43630
東住吉郵便局私書箱1号

代表者　岡﨑　靖

ご注意
（1）本書の内容に関して適用した結果の影響については，上項にかかわらず責任を負いかねる場合がありますので予めご了承ください。
（2）落丁本，乱丁本はお取替えいたします。